Pd
Ba
Na
As
Sb
Sn
K
Ca
酒
牛乳

Ne
H
S
V
Co

He
D
Ar
牛乳
Ca
Mg
N
Li
Zn

P
O
C
ヒヒヒ…
Cr
苦露夢
Ni
Cu
Be

原子有話要說！

マンガで覚える 元素周期

元素週期表

元素周期研究會 編著

鈴木幸子 繪

劉佳麗、黃郁婷 譯

前言

元素究竟是什麼？在我們的日常生活周遭又有哪些元素？金屬大多數是元素的固體樣態，而空氣則是由氧氣、氮氣等多種氣體混合而成。水銀雖然是液體，但水銀其實也是一種元素。如果查一查字典或專業書籍，會發現元素是指無法利用化學方法將其再分解的物質。元素有固體、氣體、液體等各種型態，會隨著溫度的不同而改變型態。可是，這些都不過是很多元素聚集在一起時的外觀，看不見的一個個元素才是物質的根源。

筆者因為有機會寫這樣的一本書，讓筆者試著思考並調查所有的元素，從最簡單的問題切入。

之所以會選擇這個題目，主要原因之一是社會上對元素的關注度不斷提高。二〇一一年三月十一日日本東北發生大地震引起海嘯，位於福島縣海邊的核能發電廠災情慘重，從核電廠外洩的輻射的元素，隨著空氣中的微塵粒子到處飛揚，擴及廣大地區。因為這個契機，很多人開始思考元素究竟是什麼。

可是，具有放射性的元素，並不是只會從核子爐或核能實驗中產生，有些是從宇宙太空間接散發出來，或是從大地中產生的。居

禮夫人發現的釙和鐳，則是從天然礦物中分離出來的，而有些溫泉被稱為「鐳溫泉」或「氡溫泉」，是地下含有微量輻射的元素融入溫泉之中。鐳一邊釋放出輻射，一邊慢慢轉變成氡氣，再過不久就消失在大氣中。因此，空氣中平常也含有微量氡氣，放出輻射。

具有放射性的也好，沒有放射性的也罷，在思考元素究竟是什麼的時候，重要的是不能單純死記元素的名稱和數據，而是要抱著深厚的情感與這些元素接觸，想像它們不可思議的特性。帶著這樣的心情來看元素週期表，會發現元素週期表就像是一棟公寓。

這棟公寓是七層樓建築，最高層只住氫和氦兩戶人家。或許是考量到附近居民的日照問題，部分大樓不過六層樓或四層樓高。再者，宛如宿舍一般，一群個性相近、趣味相投的親朋好友們獨立住在兩層樓的別館。這個元素公寓究竟住著什麼樣的人物呢？在照顧住戶生活起居的阿喵管理員的帶領下，讓我們一間間地來拜訪每一位住戶吧！

歡迎來到連貓都了解的元素世界喵！

二〇一一年十二月　元素周期研究會

目錄

本書的閱讀方法

本書將元素週期表比喻為公寓，以房號表示原子序。同時，將所有出現的元素比喻為居住在公寓的房客，描繪該元素的特性，徹底擬人化。

氫的體形雖然嬌小，卻是宇宙中含量最多，也是最早誕生的元素。太陽幾乎全都由氫構成，照射在地球上的光與熱則是來自於太陽內部氫原子的核反應。氫能透過燃燒產生龐大的能量，所以也用來做為火箭燃料。

另一方面，在細胞這個極微小的世界裡，DNA的雙螺旋結構就是透過氫鍵連結。此外，水也是由氫與氧這兩種元素所組成。因此，人體和大自然中都含有許多氫原子。

相信有不少人在小學或國中的自然課，曾經做過將鋁等金屬片摻入鹽酸，好收集氫氣的實驗。氫氧混合的氣體很容易產生反應，將燃燒的火柴靠近裝滿氫氧氣體的試管中，會發出「砰」一聲，而達到瞬間燃燒的狀態，我們稱之為「爆鳴」。有些比較有趣的老師會將氫氧裝在大型管子裡，使其產生很大的爆鳴聲。

化學符號

房號就是原子序

房客資料卡

分別以十個階段表示以下項目。

【珍貴指數】將元素換算成錢時的價值。雖然有些元素有錢也買不到，仍然以整體的基準作判斷。

【親密關係】綜合判斷元素與日常生活的關係深淺、對社會的貢獻程度，以及與人類的契合度等。

【危險程度】表示元素是否具有毒性、使用時必須特別小心留意、在空氣中起火燃燒的難易度等綜合的危險指數。

元素人物・漫畫

元素周期研究會集結眾人的力量，成功將所有的元素擬人化，透過漫畫介紹每個元素的日常生活。

元素人物的事蹟

這個元素到底是什麼樣的角色？和我們有著什麼樣的關聯？本書不使用艱深的專業名詞，徹底說明現代人一定要掌握的元素基礎知識。

週期

元素週期表的橫列。從公寓最頂樓的「週期1」至「週期7」，一共有七層樓。

族

元素週期表的縱列。從公寓的左邊到右邊一共有18族，別館則全部包含在3族元素裡。

1 週期

1 族

氫

元素的中文名稱

元素的英文名稱

Hydrogen

小小暴徒也利用在食物上

氫具有凝固液體植物油的作用，因此也用來做乳瑪琳。加入氫的量越多，其硬度越像奶油，氫的量越少，則可做成容易塗抹的軟式奶油。乳瑪琳研發於十九世紀，被視為奶油的代替品。但是，凝固過程中形成的反式脂肪酸會影響人體健康，歐美國家都非常重視。即便是健康食品，也得注意不要食用過量。

【常溫狀態】氣體　【原子量】1.00794
【熔點】-259.34°C　【沸點】-252.87 °C
【密度】0.00008988g/cm^3
【發現】1776 年，英國化學家卡文迪西(Henry Cavendish)
【語源】希臘文產生水(hydro)的物質(genes)。

冷知識

這個專欄毫不保留地介紹元素的魅力所在，收集了許多跟該元素相關的有用情報、特殊話題、讓人感動的、無關緊要的大小事。

科學數據

列出元素的特性、發現年份、發現者、名稱由來等。原子量是與碳同位素為 12 時對比的值，也包含推測值，密度是指在常溫下的密度值，目前未知的數據則以空白表示。

元素就是原子的性質

沒有生命的鐵或銅等金屬、以及氫氣等氣體都稱做「元素」，一般來說，我們對於上述描述似乎還可以理解，但是其他的元素到底是什麼？又是怎麼來的？

假設在我們的面前有一個草莓蛋糕，我們試著要分析這個蛋糕。首先，先依照人數切蛋糕，基底是海綿蛋糕，上面用奶油及水果做裝飾。接下來再看看材料，奶油是牛奶和砂糖；草莓是植物的果實；海綿蛋糕則是麵粉、雞蛋，再加上牛奶和糖，幾乎全部都是來自於植物或動物。再將以上材料仔細分解，會發現脂肪、蛋白質、糖、澱粉等。

如果直接把蛋糕吃下，澱粉在身體內部轉換成醣，蛋白質分解為胺基酸，脂肪轉化為脂肪酸與甘油，並在腸道內被吸收。照理說這些胺基酸、脂肪酸等能夠滲入人體，算是相當小了，但是這並不是極限，醣、脂肪酸、甘油等都是由氧、氫、氮等許多種元素組成的物質。

無論是動物或植物，只要是生物，全都是由細胞所組成。細胞數量從一個到數十兆個不等，但是說穿了終歸還是元素。從大到小，存在於這個世上的東西都是由元素所組成。

元素和原子

一個元素的大小為零點一奈米，也就只有一百億分之一公尺大。雖然已經說得很清楚了，其實還是很難想像，假設有一個一公分左右的蛋糕碎屑，我們將原子放大至蛋糕碎屑的大小，那麼相較於原子而言，這塊蛋糕碎屑就等於是整個地球。

但是，元素與原子究竟有什麼不同？雖然解釋十分類似，但是字面卻完全不一樣。最常被大家討論的，即是原子是指有實體的粒子，而元素則是抽象的概念。然而，還是有那麼一點難以理解，所以讓我們試著這樣想，如果元素的概念是表示原子的特性，那麼將原子擬人化就是元素吧。這樣應該就相當容易理解，有些元素很傲慢，有些元素很溫柔和善，有些元素很容易抓狂，有些元素則是每天都不為所動。但是，我們應該喜愛每一種元素，當然這是元素周期研究會

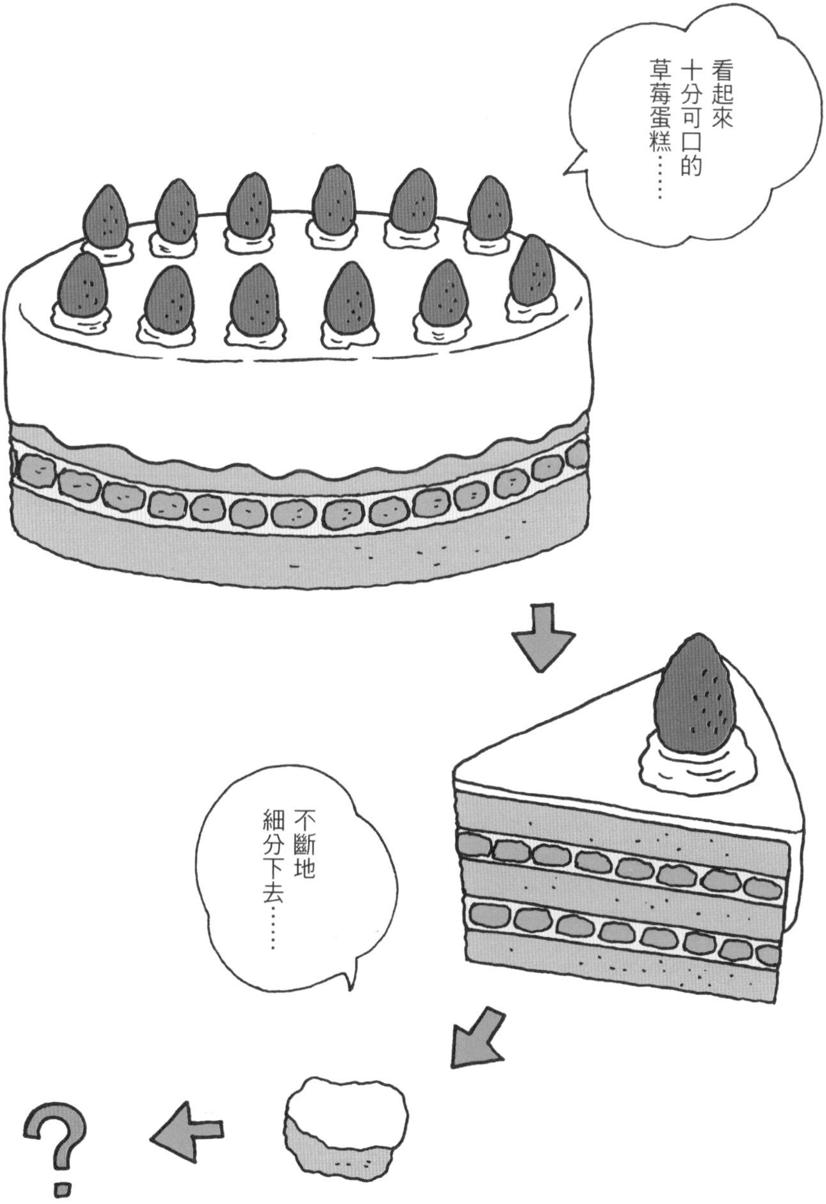
看起來十分可口的草莓蛋糕……
不斷地細分下去……

先入為主的想法，我想大家都會深有同感。

原子的樣貌

我們暫時將元素的個性設定丟到一邊，原子本身又是什麼樣的呢？原子實在太小了，肉眼根本看不到，基本上原子中心有原子核，周圍則有電子環繞運行。

原子核是由小小的質子及中子所組成的，質子的數量與電子數量相同。質子帶正電，電子則帶著負電，因此原子維持正負平衡的狀態，這是穩定的基本型態。此外，中子不帶正電也不帶負電，而質子數相同、中子數不同的原子稱為「同位素」，由於性質幾乎相同，故可視為同元素的不同樣貌。

原子種類之所以不同，是只有質子數量不同。換句話說，元素特性由質子數量決定。最簡單的原子是氫，氫的原子核由一個質子和一個電子組成。氫是唯一在原子核沒有中子的元素，因此它其實是個特殊例子。無論如何，原子序從1到118是依照質子的數量做分類。不過是差了一個質子，就會變成完全不同特性的原子，非常不可思議。

電子殼層

我們來看看一般原子的代表，也就是氦原子。氦的原子核由二個質子與二個中子組成，電子也是二個。二個電子繞著原子核以相同的高度運行，其軌道就好像包覆著原子核的圓形殼層。因此，我們稱為「電子殼層」，但是這個電子殼層的電子數量固定，只有兩個電子而已。

我們看了元素氫與氦的情況，但是元素鋰，質子與電子的數量更多。因為質子數量增加，所以原子核也變大，但是電子又是什麼情況呢？其實，鋰之後的元素，從電子增加到三個開始，會在原先電子殼層外側再形成另一個電子殼層。由於新形成的電子殼層包覆在最初的電子殼層外側，因此會比第一個電子殼層更大。而第二層的電子容納量一口氣增加到八個。可是電子殼層能容納的電子數量還是有限，擁有十一個電子的原子，會在外側構成另一個電子殼層。同樣地，擁有許多電子，原子序較大的原子，則有好幾層的電子殼層。

那麼，接下來就讓我們來看看按照原子序排列的元素週期表（請參閱第一二頁）。

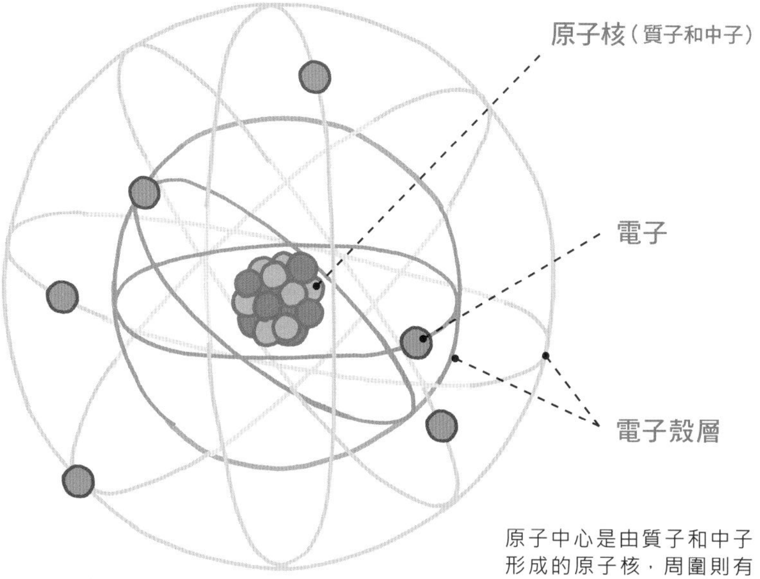
原子核（質子和中子）
電子
電子殼層

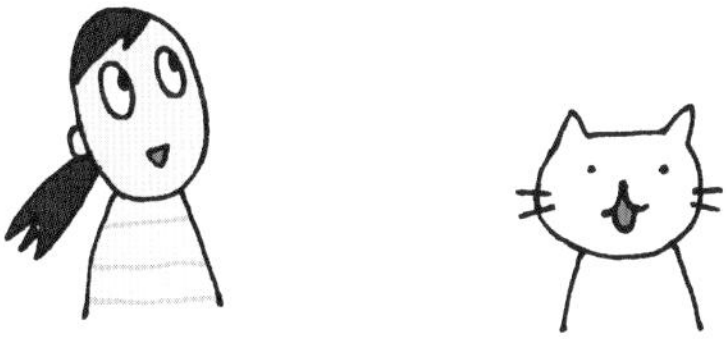

原子中心是由質子和中子形成的原子核，周圍則有電子環繞運行。電子運行的軌道是固定的，稱之為「電子殼層」。每一個電子殼層的電子數都是固定的，電子數量越多，電子殼層也會隨之增加。此圖只是概念示意圖，與實際大小及比例等都有很大的差異。

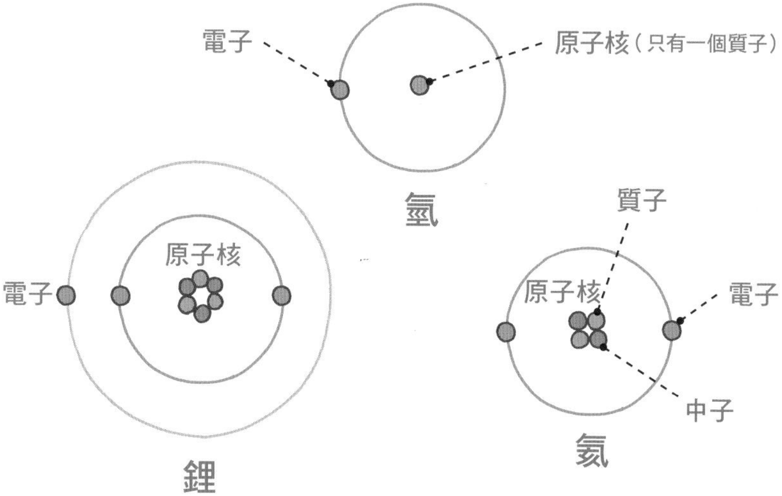
電子
原子核（只有一個質子）
氫
原子核
電子
鋰
質子
原子核
電子
中子
氦

元素週期表就是元素住的公寓

								2 He 氦
			5 B 硼	6 C 碳	7 N 氮	8 O 氧	9 F 氟	10 Ne 氖
			13 Al 鋁	14 Si 矽	15 P 磷	16 S 硫	17 Cl 氯	18 Ar 氬
28 Ni 鎳	29 Cu 銅	30 Zn 鋅	31 Ga 鎵	32 Ge 鍺	33 As 砷	34 Se 硒	35 Br 溴	36 Kr 氪
46 Pd 鈀	47 Ag 銀	48 Cd 鎘	49 In 銦	50 Sn 錫	51 Sb 銻	52 Te 碲	53 I 碘	54 Xe 氙
78 Pt 鉑	79 Au 金	80 Hg 汞	81 Tl 鉈	82 Pb 鉛	83 Bi 鉍	84 Po 釙	85 At 砈	86 Rn 氡
110 Ds 鐽	111 Rg 錀	112 Cn 鎶	113 Uut 元素 113	114 Uuq 鈇	115 Uup 元素 115	116 Uuh 鉝	117 Uus 元素 117	118 Uuo 元素 118
10	11	12	13	14	15	16	17	18

64 Gd 釓	65 Tb 鋱	66 Dy 鏑	67 Ho 鈥	68 Er 鉺	69 Tm 銩	70 Yb 鐿	71 Lu 鎦
96 Cm 鋦	97 Bk 鉳	98 Cf 鉲	99 Es 鑀	100 Fm 鐨	101 Md 鍆	102 No 鍩	103 Lr 鐒

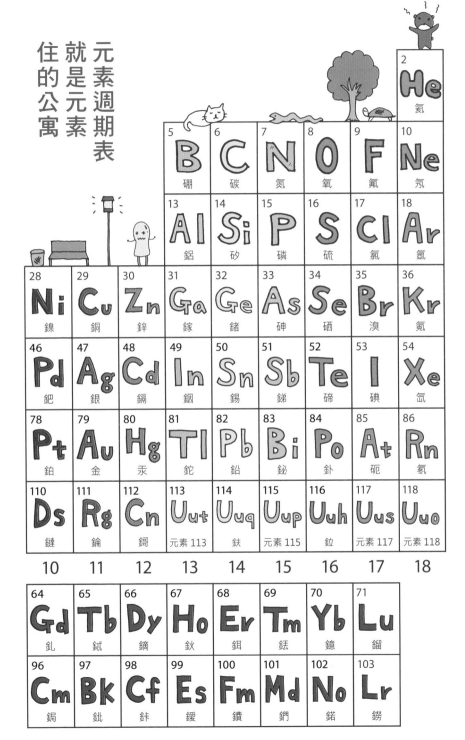

率先發表元素週期表的人，是距今超過一百年以上的俄國化學家門得列夫（請參閱一四四頁），他注意到元素之間有相似的特性，試著將元素依特性分類，並依照原子量的順序排列，進而構思出「元素週期表」。發表週期表時雖然還有許多元素尚未發現，但是門得列夫認為，在不久的將來就會陸續發現這些元素，所以預先在週期表中保留了部分空位。也因此，後來的化學家根據上述空白位置做出假設，成為發現新元素的線索。

週期＼族	1	2	3	4	5	6	7	8	9
1	1 H 氫								
2	3 Li 鋰	4 Be 鈹							
3	11 Na 鈉	12 Mg 鎂							
4	19 K 鉀	20 Ca 鈣	21 Sc 鈧	22 Ti 鈦	23 V 釩	24 Cr 鉻	25 Mn 錳	26 Fe 鐵	27 Co 鈷
5	37 Rb 銣	38 Sr 鍶	39 Y 釔	40 Zr 鋯	41 Nb 鈮	42 Mo 鉬	43 Tc 鎝	44 Ru 釕	45 Rh 銠
6	55 Cs 銫	56 Ba 鋇	57-71 鑭系元素	72 Hf 鉿	73 Ta 鉭	74 W 鎢	75 Re 錸	76 Os 鋨	77 Ir 銥
7	87 Fr 鍅	88 Ra 鐳	89-103 錒系元素	104 Rf 鑪	105 Db 𨧀	106 Sg 𨭎	107 Bh 𨨏	108 Hs 𨭆	109 Mt 䥑

57-71 鑭系元素	57 La 鑭	58 Ce 鈰	59 Pr 鐠	60 Nd 釹	61 Pm 鉕	62 Sm 釤	63 Eu 銪
89-103 錒系元素	89 Ac 錒	90 Th 釷	91 Pa 鏷	92 U 鈾	93 Np 錼	94 Pu 鈽	95 Am 鋂

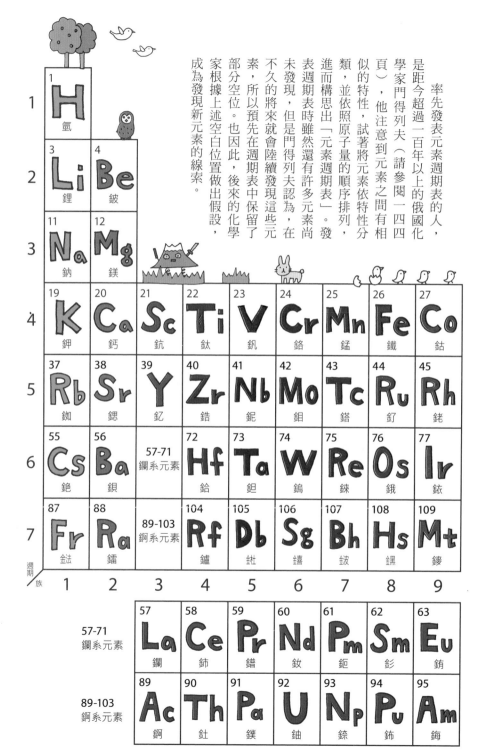

1號房的小氫
從宇宙之始到DNA

氫的體形雖然嬌小，卻是宇宙中含量最多，也是最早誕生的元素。太陽幾乎全都由氫構成，照射在地球上的光與熱則是來自於太陽內部氫原子的核反應。氫能透過燃燒產生龐大的能量，所以也用來做為火箭燃料。

另一方面，在細胞這個極微小的世界裡，DNA的雙螺旋結構就是透過氫鍵連結。此外，水也是由氫與氧這兩種元素所組成。因此，人體和大自然中都含有許多氫原子。

相信有不少人在小學或國中的自然課，曾經做過將鋁等金屬片摻入鹽酸，好收集氫氣的實驗。氫氧混合的氣體很容易產生反應，將燃燒的火柴靠近裝滿氫氧氣體的試管中，會發出「砰」一聲，而達到瞬間燃燒的狀態，我們稱之為「爆鳴」。有些比較有趣的老師會將氫氧裝在大型管子裡，使其產生很大的爆鳴聲。

小小暴徒也利用在食物上

氫具有凝固液體植物油的作用，因此也用來做乳瑪琳。加入氫的量越多，其硬度越像奶油，氫的量越少，則可做成容易塗抹的軟式奶油。乳瑪琳研發於十九世紀，被視為奶油的代替品。但是，凝固過程中形成的反式脂肪酸會影響人體健康，歐美國家都非常重視。即便是健康食品，也得注意不要食用過量。

【常溫狀態】氣體　　【原子量】1.00794

【熔點】-259.34°C　　【沸點】-252.87 °C

【密度】0.00008988 g/cm^3

【發現】1776 年，英國化學家卡文迪西(Henry Cavendish)

【語源】希臘文，產生水(hydro)的物質(genes)。

He
2號房的氦仔
輕飄飄浮空
我行我素
房客資料卡
原子序 2 He
氦，音同：亥
珍貴指數
親密關係
危險程度
飄～
飄～
可以請你下來一下嗎～？

老是發呆放空，看來似乎沒什麼專長，但一個突然的搞笑舉動就能逗樂大家，氦就是這樣特色鮮明。氦的特徵為質量輕、屬於惰性氣體，所以不容易與其他元素或化合物發生化學反應。氦氣跟氫氣的差別，在於氦氣十分安全，這就是為什麼氦氣可以用在讓飛船及氣球浮起來的原因，派對活動使用氦氣球，也是因為它對人體無害。

氦的密度相當小，因此傳播聲音的速度比空氣快，聲音的頻率也會因此變高。吸入氦氣後說話，會發出如卡通裡鴨子般尖銳高亢的聲音。但是，這不是因為我們將氦吸入人體，使得人體產生什麼變化，而是因為吐出來的氣中含有氦氣。

然而，一般派對上用的氣體其實是氧和氦的混合氣體。即使氦沒有毒性，吸進純氦氣仍然會有窒息的危險，因此請務必小心，千萬不要吸入氦氣。

吸了也不會引起氮醉

當人潛到深海時，如果氧氣瓶裡裝的是普通空氣，肺中的氮氣會因為高壓而導致類似酒醉的狀態，使得判斷力明顯下降。在海底，一點小失誤往往就容易引發憾事。為了避免意外發生，潛水時使用的是氦和氧的混合氣體。潛水員因為經驗豐富，從以前就知道若吸入氦氣，會讓說話的音調暫時變高。

【常溫狀態】氣體　　【原子量】4.00260

【熔點】-272.2°C　　【沸點】-268.934 °C

【密度】0.0001785 g/cm^3

【發現】1868 年，法國天文學家詹遜（Pierre Jules César Janssen）、英國天文學家洛克爾（J. N. Lockyer）

【語源】希臘文 helios，意思是太陽。因為氦是從太陽光譜中發現的。

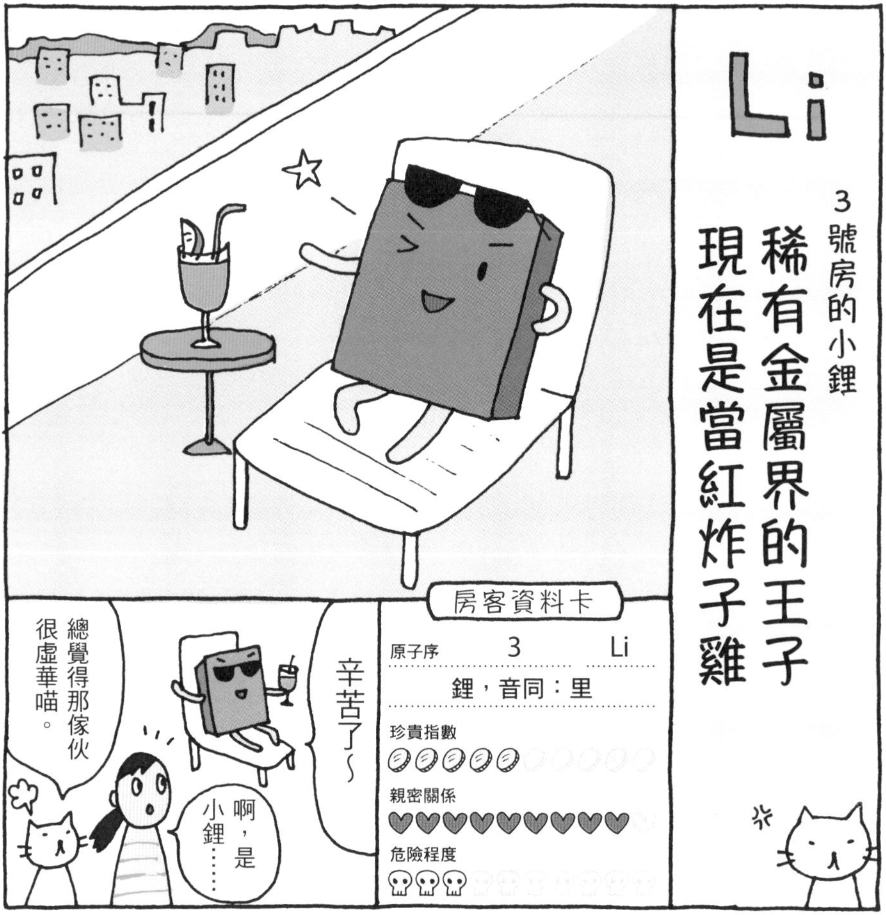
Li
3號房的小鋰
稀有金屬界的王子
現在是當紅炸子雞
房客資料卡
原子序 3 Li
鋰，音同：里
珍貴指數
親密關係
危險程度
辛苦了～
總覺得那傢伙很虛華喵。
啊，是小鋰……

鋰就像是個當紅的藝人，現在無論男女老幼，沒有人不知道鋰。鋰是所有金屬中最輕的，輕到可以漂浮在水面上。鋰的質量輕，出身好，是稀有金屬的一種。鋰和氫、氦都屬於宇宙中最早形成的元素，家世淵博。外表看似虛華輕浮，出人意外地工作熱誠高。除了優良的血統，或許這也是鋰之所以受到大家歡迎的理由。

鋰電池的外形輕薄短小，容量卻大，而且能快速充電，因此被廣泛地用來做為手機、遊戲機以及筆記型電腦的電池。除了移動型設備之外，大型動力鋰電池的開發也在持續發展，最近已經正式進軍電動汽車業。此外，家用太陽能發電機也利用鋰電池進行儲電，鋰電池未來的人氣肯定是節節高升。這個態勢應該會持續好一陣子，在現今這個時代，真是令人稱羨。

產地是景色絕佳的觀光景點

烏尤尼鹽湖(Uyuni salt flats)位於南美洲玻利維亞西部，其蘊藏的鋰礦據說占全世界的一半之多。這裡也是玻利維亞著名的旅遊景點，壯麗神秘的景觀每年吸引大批觀光客到此朝聖。雖然說是湖，但是其實很淺，湖水在乾燥期會完全乾涸，留下一片雪白無垠的結晶鹽，彷彿來到雪國。湖中甚至有長滿高大仙人掌的小島，以及用鹽塊砌成的平房式飯店。

【常溫狀態】固體　【原子量】6.941
【熔點】180.5°C　【沸點】1342°C
【密度】0.534 g/cm^3
【發現】1817 年，瑞典化學家亞維森(Johan August Arfwedson)
【語源】希臘文 lithos，意思是石。因為鋰是從鋰長石礦中發現的。

西元一七九七年沃克朗在綠柱石中發現鈹元素，綠柱石是祖母綠與海藍寶石的原石。可是，鈹的真正實力一直到變成鈹合金時才得以真正發揮。

比方說，銅只要混合少許的鈹，便能大幅提升其強度及韌性，常被用來做特殊彈性材料。此外，除了材質堅固之外，鈹還有一項不可思議的特徵，就是不會因磨擦或撞擊而冒出火星，因此常被製成扳手或雕鑿等工具，運用在處理易燃氣體或粉塵的工廠。再者，鋁鈹合金雖然造價昂貴，但是質輕堅固，所以受到F1賽車引擎或飛機零件採用，成績優異。

雖然鈹具有種種絕佳的特性，但直至目前為止人們仍然敬而遠之，原因在於鈹含有劇毒。即使是鈹合金，萬一不小心吸入加工時產生的粉末或蒸氣，肺部會出現急性或慢性的嚴重症狀，嚴重時甚至可能致死。

即使含有劇毒也能活躍的場所

鈹比鋁還要輕，以金屬來說，具有十分優秀的特質，如果沒有毒就更好了。雖然不全然是因為這個緣故，但是毫無人煙的地方後來變成了鈹大放異彩的場所，毫無人煙的地方指的是外太空。哈伯太空望眼鏡的下一代——詹姆斯韋伯太空望遠鏡，預計於二〇一八年發射升空，而詹姆斯韋伯太空望遠鏡的主反射鏡正是用鈹製作而成。

【常溫狀態】固體　【原子量】9.012182
【熔點】1287°C　【沸點】2471°C
【密度】1.85 g/cm^3
【發現】1797 年，法國化學家沃克朗(Louis Nicolas Vauquelin)
【語源】發現鈹的礦物綠柱石(beryl)。

B
5號房的硼仔
令人意想不到
既親切又多彩多姿
房客資料卡
原子序 5 B
硼，音同：朋
珍貴指數
親密關係
危險程度
咦，跑掉了。
長得好像生剝鬼喵。
嘎~

*生剝鬼：日本秋田縣在新年一月十五日時的扮鬼習俗。由村中青年帶著鬼面具、身穿簑衣、手持木刀，到各家拜訪。

硼最為大家所熟悉的，應該是耐熱玻璃和硼酸小丸子吧。以上二者都跟廚房有關，鎖定家庭主婦為主要消費層，果然是提高知名度的不二法門。

玻璃與其他許多物質一樣，具有遇熱膨脹、遇冷收縮的性質。如果將熱開水倒進玻璃杯裡，杯子內側變熱，會與杯子外側形成很大的溫差。如此一來，只有杯子內側遇熱膨脹，外側跟不上內側的溫度變化，兩側膨脹不均會導致杯子破裂。含硼的玻璃杯則具有低膨脹率的特性，即使溫度產生變化，也幾乎不會膨脹或收縮，因此倒入熱開水也沒有關係。

至於用來驅蟑的硼酸小丸子，蟑螂一旦吃到硼酸小丸子，會引起脫水症而致死。由於它的毒性比一般殺蟲劑低，所以長久以來受到家庭愛用。

受小朋友喜愛的人氣教材

硼砂是硼的工業原料，也可以從天然礦物中開發利用。將硼砂的飽和水溶液與衣服洗好後用的上漿粉（聚乙烯醇）混合，就變成科學實驗中常用的人造黏土。作法雖然很簡單，但是業餘人士製作的黏土，因為材料份量及混合方式都不是很精確，因此無法像市售人造黏土般容易處理，不是會沾到衣服，就是掉到地毯上融化在地毯上，真的很麻煩。

【常溫狀態】固體　【原子量】10.811
【熔點】2075°C　【沸點】4000°C
【密度】2.37 g/cm^3
【發現】1808 年，英國化學家戴維（Humphrey Davy）
【語源】阿拉伯文 buraq，意思是白色的東西。

C
6號房的阿碳
有生命的物質全都受碳眷顧
房客資料卡
原子序 6 C
碳，音同：炭
珍貴指數
親密關係
危險程度
凡走過必留下痕跡耶。
周圍都黑黑的喵，好像掉東西下來了喵。

碳元素自古以來便以木炭的面貌出現，令大家耳熟能詳，一直以來我們都用碳來當做暖氣和烹調的燃料，石油及瓦斯中也含有碳，可以說碳從根本支撐了現代的文明生活。從很久很久以前開始，碳就在日常生活中扮演了不可或缺的重要角色。再者，碳也是構成動植物形體的重要物質之一，其中碳約占人類體重的二成。從澱粉、醣等小分子到大型物體等，可分為碳與各種物質複雜地混合在一起的有機物質，以及碳的固體形態或二氧化碳等單純的化合物，稱之為「無機物質」。

　鑽石和石墨二者都是碳的結晶，但是除了價格天差地別之外，就連外觀、性質等都有著極大的差異。鑽石是碳元素規則地排列成立體狀，而石墨則是平面的層層堆疊，只是排列方式不同便決定了它們性質的差異。

雖然師出同門，性格卻是天南地北

鑽石是地球中最硬的礦物，堪稱寶石中的寶石。鑽石之所以看起來璀燦閃耀，是先計算鑽石的反射光線再進行切割，因此折射率高。以寶石而言，鑽石的稀少珍貴自不在話下，而因為硬度高也用來做刀具或研磨劑。黑鉛又稱為「石墨」，質地非常柔軟，與黏土混合後就成為鉛筆筆芯，或是書法所使用的墨。碳與我們的日常生活關係十分緊密。

【常溫狀態】固體　【原子量】12.0107
【熔點】3550°C（鑽石）【沸點】3825°C
【密度】2.2670 g/cm^3
【發現】不詳
【語源】拉丁文 carbo，意思是木炭。

N 7號房的小氮
空氣的成分之一 最近走冷卻路線

COOL!
哼
COOL!
那個人總是一臉酷酷的。
太冷了，我感覺到危險喵。
房客資料卡
原子序 7 N
氮，音同：淡
珍貴指數
親密關係
危險程度
COOL!

氮在整個宇宙中只占了極小的部分，卻是大氣中含量最多的氣體。在空氣中的氮，遠比氧氣來得多，約占空氣的五分之四。此外，對人體來說，氮也是重要的成分之一，構成蛋白質的基本單位是胺基酸，而胺基酸中就含有氮。

最近氮作為冷卻用途的需求大幅增加。藉由冷卻將電阻降為零的現象稱之為「超導體現象」，利用上述現象推動車等的研發也在持續進展中，而用來做為電阻冷卻劑的就是液態氮。這項技術在科技工業界被稱為高溫超導技術，但實際運作時，卻要求零下二百度的極低溫，用一般的冰塊根本達不到。此外，在科學實驗中用液體氮的機會也很多。如最具代表性的超導實驗，急速冷凍玫瑰花、皮球，或者把冷凍的香蕉當榔頭敲鐵釘等令人嘆為觀止的表演。

諾貝爾發明了炸藥

從氮的英文名稱來看就可以想像，硝化甘油（Nitroglycerin）是含氮化合物。一八六六年，諾貝爾把硝化甘油混合矽藻土，發明了炸藥。然而易於處理的炸藥，背離了諾貝爾發明炸藥原本的目的，而被當做武器用於戰爭之中。不過，被視為爆炸物品的硝化甘油還有另外一種面貌，它也是一種醫療用品，常用來治療心絞痛。

【常溫狀態】氣體　【原子量】14.0067
【熔點】-210°C　【沸點】-195.79°C
【密度】0.0012506 g/cm^3
【發現】1772 年，蘇格蘭化學家拉賽福（Daniel Rutherford）
【語源】希臘文，產生硝石（nitre）的物質（genes）。

8號房的阿氧

藉由燃燒而生存

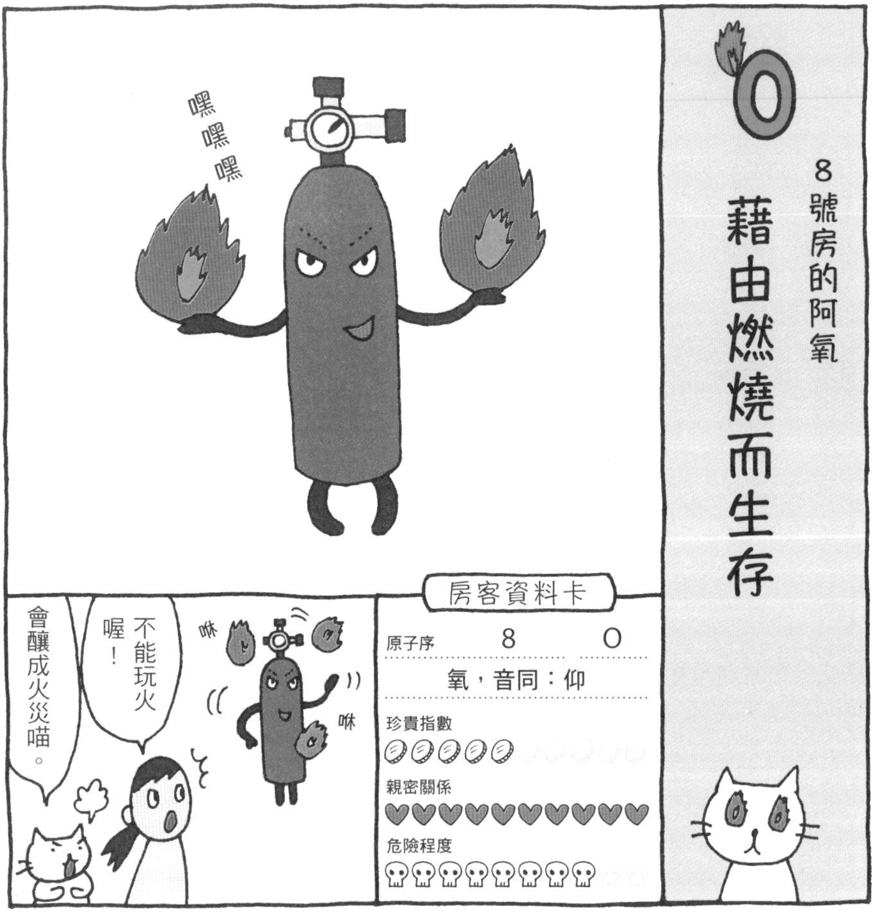
O
嘿嘿嘿
房客資料卡
原子序 8 O
氧，音同：仰
珍貴指數
親密關係
危險程度
咻
咻
不能玩火喔！
會釀成火災喵。

氧氣是對於人類生存最重要的元素之一，儘管如此，在地球形成時，也就是距今四十六億年前，大氣中幾乎沒有任何氧氣。直到約三十億年前出現了藍綠藻等細菌或物質，藉由光的能量與水而製造出氧氣，這使得大氣中的含氧量漸漸增加，一直到約五億年前，大氣中的氧氣濃度才增加到與現在差不多的值。也就是說，空氣中的氧氣幾乎全都是透過光合作用產生的。而數百萬年前人類祖先出現，從宇宙規模的角度來看，地球的氧氣和人類都只能算是剛出道的菜鳥。

所謂燃燒，指的是各個物質與氧結合後，發出熱與光的同時，並逐漸轉變為其它物質的過程。我們人類也是藉由呼吸將氧氣吸入體內，利用氧氣分解養分，進而產生體溫和能量。因此，生命也可以說是燃燒的過程。

臭氧是氧的另外一面

臭氧由三個氧原子所組成，雖然成分只有氧，卻含有劇毒及一股刺激的氣味。可是，臭氧在一般空氣中會自然分解成無害的氧氣。臭氧層分布於距離地表約十到五十公里的大氣之中，因為空氣中的氧是被陽光分解後的產物。空中的臭氧會保護地球，阻隔紫外線傷害，而且具有殺菌及漂白的作用，因此淨水場也用臭氧來淨化水質。

【常溫狀態】氣體　【原子量】15.9994
【熔點】-218.79°C　【沸點】-182.95°C
【密度】0.001429 g/cm^3
【發現】1771 年，瑞典化學家舍勒（Carl Wilhelm Scheele）
【語源】希臘文產生氧（oxys）的物質（genes）。

F

9號房的氟仔
雖然可以強化牙齒
但是也要注意毒性

哈哈哈！
早安！
喔，早安。
還真是清新爽朗喵。
房客資料卡
原子序 9 F
氟，音同：福
珍貴指數
親密關係
危險程度

氟具有強化牙齒的功效，保護牙齒免於受蛀牙菌侵蝕。將含有氟的藥物直接塗在牙齒上，或是使用含氟牙膏刷牙，可以促進牙齒再鈣化，更能抵抗酸蝕，預防口中的變形鏈球菌產生酸液等。一般的天然水中含有微量的氟，有些國家為了預防國民蛀牙，會在自來水中添加氟化物。

可是，過度攝取氟化物，有時反而會導致一口爛牙。中國大陸和印度某些地區，居民長時間飲用含氟量過高的井水，身體反而出現問題。

氟本身的毒性非常劇烈，在氟被發現前，曾經有好幾位化學家因為氟中毒而送命。原來深受大家喜愛的氟，有這麼一段黑暗的過去。由於氟會腐蝕玻璃和鐵，因此取出後難以保存也是一個大難題。

現在是必備的人氣廚房用品

鐵氟龍是美國化學大廠杜邦所開發的物質，表面塗上鐵氟龍塗料的平底鍋等烹調器具，深受到民眾喜愛。鐵氟龍由一種叫聚四氟乙烯的氟素和碳混合而成，具有超耐熱、表面光滑、超潑水等特性而進駐廚房。除了鐵氟龍之外，杜邦開發出另一種含氟的有名化合物叫做氟利昂(Freon)。

【常溫狀態】氣體　【原子量】18.998403
【熔點】-219.62°C　【沸點】-188.12°C
【密度】0.001696 g/cm^3
【發現】1886 年，法國化學家莫瓦桑(Henri Moissan)
【語源】英文 fluorite，意思是含氟的「螢石」。

Ne
10號房的氖姐
點綴夜晚街道
艷麗繽紛的化學燈光
房客資料卡
原子序 10 Ne
氖，音同：乃
珍貴指數
親密關係
危險程度
啊～好想睡覺喔……
已經是白天了喵。
晚上的工作很辛苦吧。

氖和氦一樣，無色無味，跟其他物質也不容易產生化學反應，是一個性好孤獨的元素，很適合在陋巷中冷清蕭條的吧檯旁，一個人獨自喝著酒。

霓虹燈管是將氖氣裝在玻璃管內，再安裝上電極便大功告成。通電後，產生放電現象，發出橘紅色的燈光。在玻璃管內側塗上螢光塗料，或者混合其他氣體，就能變化出各種不同的顏色。霓虹燈廣告看板幾乎全靠看板師傅純手工細心打造，用瓦斯槍將細長的管子加熱折彎，慢慢描繪出文字或圖案。因此，一筆素描很常見，英文則偏好書寫體。

螢光燈也屬於放電燈管，但是霓虹燈不只侷限於廚房或書房，它和酒很相襯，適合用來營造氣氛。約一百多年前法國物理學家發明了霓虹燈，直到LED燈備受青睞的現今，霓虹燈依然妝點著入夜後的繁華街道。

繁華霓虹街道

日本的霓虹燈看板也深受外國人歡迎，在二十世紀末期，以網路龐克(Cyberpunk)風格的圖案出現在科幻電影和動畫中。但是提到霓虹街，就會聯想到夜晚聚集許多小吃店、酒店的歡樂街頭。

【常溫狀態】氣體　【原子量】20.1797
【熔點】-248.59°C　【沸點】-246.08°C
【密度】0.0009002 g/cm^3
【發現】1898 年，英國化學家藍塞(William Ramsay)、特拉維斯(Morris Travers)
【語源】希臘文 neos，意思是新的。

Na
11號房的鈉太太
平常很居家
碰水就變臉
房客資料卡
原子序 11 Na
鈉，音同：納
珍貴指數
親密關係
危險程度
嘿嘿
是我們這個公寓的萬能主婦耶。
好厲害喵。

鈉明明是金屬，卻像黏土一樣柔軟，甚至用美工刀就可以直接切割。切成小小一塊，放入水中，由於鈉很輕，所以不會沈下去。可是，鈉會和水產生劇烈反應，把鈉丟進水裡，會浮出水面，邊發出火焰邊劇烈燃燒，非常危險。如果徒手碰觸，鈉與手上的水分產生反應，可能會腐蝕皮膚。由於鈉在空氣中會立刻氧化，因此保存時，必須像煙燻牡蠣一般浸在油裡面。

鈉的性質對人非常危險，但是在我們生活周遭卻有許多東西含鈉。大家最熟悉的非食鹽莫屬，攝取過多的鹽分會造成身體負擔，危害我們的健康，但是鈉具有幫助神經傳導的重要功能。除此之外，其他還有像化學調味料、香皂、蘇打等，都是每天生活中不可或缺的。現在，鈉打算以家庭主婦的身分，一掃過去調皮搗蛋的形象，徹底適應一般社會。

沒有鈉就沒有木乃伊

鈉的化學符號出自一種天然產出、含有碳酸鹽等的礦物泡鹼，古時候曾被用來當做肥皂。另外，古埃及時代則利用其吸水的特性，當做乾燥劑使用，是製作木乃伊不可或缺的材料。取出人體內臟後，用泡鹼塗滿全身，或將泡鹼分裝成小袋裝後再塞滿身體內部，以除去水分和油脂。鈉也用來製作各種動物標本，比方說貓等哺乳類、鳥類、爬蟲類，以及魚等。

【常溫狀態】固體　【原子量】22.98977
【熔點】97.8°C　【沸點】883°C
【密度】0.971 g/cm^3
【發現】1807 年，英國化學家戴維
【語源】化學符號出自拉丁文 natron，意思是泡鹼。英文名出自阿拉伯文 suda，意思是蘇打。

Mg

12號房的鎂仔
既輕盈又強韌 十分方便的漲停股

鎂是理化實驗的常客，是相當輕的金屬，比鋁還輕。一旦點火就會劇烈燃燒，同時發出炫目的白色火光。鎂雖然質地很輕，但是可燃性高，很容易擦槍走火。

讓F1賽車和高級跑車跑起來更穩固的就是鎂合金輪圈，造價雖然高，但是重量比鋁合金輕，行進性能優異而且低油耗。除此之外，從照相機到飛機，鎂的應用十分廣泛。可是，即使是鎂合金，可燃性高的特性依舊不變，必須謹慎留意，不要讓加工時產生的鎂屑起火燃燒。

此外，製作豆腐時用來凝固豆漿的凝固劑「鹽滷」，其主要成分就是鎂，味道很苦。從海水中取得鹽滷的方法，在江戶時代從中國傳到日本全國。日本仍有傳承至今依然營業的鹽滷老店，使用傳統古法製作的鹽滷所做出來的豆腐，吃起來別有一番風味。

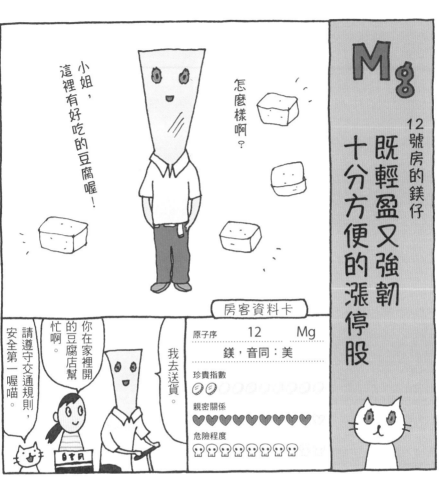

運動選手指定使用的白粉

舉重、單槓、體操等運動選手拍在掌心的白粉是具有防滑功效的碳酸鎂，而棒球投手使用的止滑粉包也是碳酸鎂加上松脂粉等。碳酸鎂對人體無害，因此也用於製成便秘藥、制酸劑、牙膏研磨劑等。此外，還有其他令人意想不到的用途，比方說做為油漆的填充劑，控制油漆的光澤和亮度，也是製作軍用塑膠模型的必備材料。

【常溫狀態】固體　【原子量】24.305
【熔點】650°C　【沸點】1090°C
【密度】1.74 g/cm^3
【發現】1808 年，英國化學家戴維
【語源】發現鎂的礦石產地，位於希臘東南方面愛琴海的麥格尼西亞（Magnesia）。

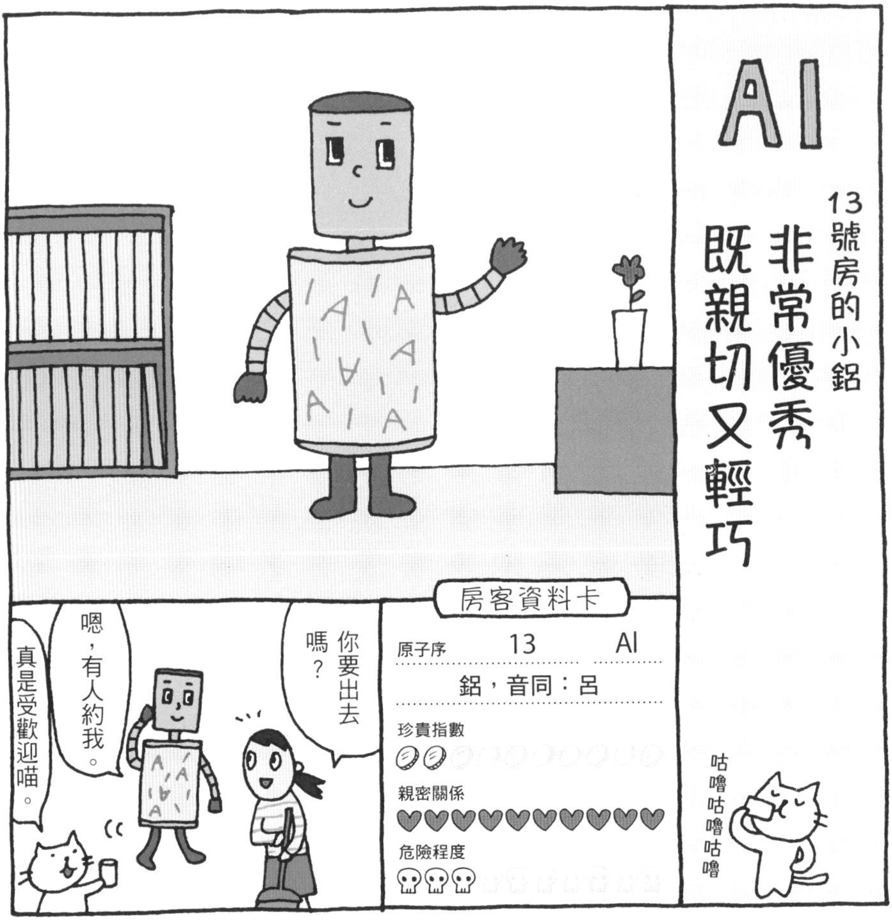
Al
13號房的小鋁
非常優秀
既親切又輕巧
房客資料卡
原子序 13 Al
鋁，音同：呂
珍貴指數
親密關係
危險程度
咕嚕咕嚕咕嚕
你要出去嗎？
嗯，有人約我。
真是受歡迎喵。

在我們的生活周遭常常能看到鋁，但它總是以輕盈薄透受到矚目，鋁本身對於自己只能得到這樣的評價，想必也一定感到忿忿不平。

地殼中含有很多鋁，鋁是地球第三多的元素，僅次於氧和矽，含量甚至比鐵還多。可是提煉困難，日本從外國進口一種叫鋁礬土的礦石，做為提煉鋁的原料。為了煉製鋁，必須耗費大量能源，這也是鋁取得困難的一大阻礙。現在日本只有一家從事鋁礬土製造加工的公司碩果僅存，他們在靜岡縣富士川流域擁有專用的水力發電廠。

與其從礦石中提煉鋁，遠不如從金屬製品中回收再造來得簡單，而且耗費的能源也比較少，由此可知鋁製品回收的重要性。

鋁的小故事

如果拿鋁與銅做比較，銅比鋁更容易過電，因此銅常用於製作電源線。可是鋁比銅輕，所以相對之下，鋁承載的重量較小，所以高壓電電線不用銅，反而是使用鋁。出人意外的，這項事實並不廣為人知。然而最能表現出鋁的重要性，非日圓一元硬幣莫屬，一圓硬幣的材質為百分之百鋁，重量正好是 1 公克，直徑 2 公分，厚度 1.5 公釐。

【常溫狀態】固體　【原子量】26.98154

【熔點】660.323°C　【沸點】2519°C

【密度】2.7 g/cm^3

【發現】1825 年，丹麥化學家奧斯特（Hans Ørsted）

【語源】希臘文的明礬 alumen。

砂土中第二個含量豐富的元素是矽，僅次於氧，矽的利用價值非常高。含矽的天然礦物，自古以來就被當做玻璃或陶磁器的原料。說起來，矽就像是我們的好朋友。

即便在新興領域，矽也是太陽能電池與半導體不可或缺的原料。個人電腦和電子設備大量使用的矽半導體「矽晶片」，託矽晶片之福，電腦才得以越來越輕薄短小。

矽並非只能像玻璃一樣硬，也可以變成像油一般的液體，或是橡膠般的樹脂狀。生活周遭常見的有隱形眼鏡，或是直接貼附於胸部的NuBra隱形內衣、化妝品，或是利用其耐高溫的特性、最近大受歡迎的微波爐用矽膠調理盒等，運用範圍十分廣泛，材質優異，確實符合女性及廚房的需求。

矽和矽膠

矽是元素，而矽膠則是人造的含矽高分子化合物，也呈液狀或凝膠狀，其特性為非常耐高溫、耐光性高，不易過電。而 NuBra 隱形胸罩、矽膠調理盒、整形手術用來放在身體裡的填充物，也都是矽膠。

【常溫狀態】固體　【原子量】28.0855
【熔點】1414°C　【沸點】3265°C
【密度】2.3296 g/cm^3
【發現】1823 年，瑞典化學家貝采利烏斯（Jöns Jakob Berzelius）
【語源】拉丁文 silex，意思是矽石。

P 15號房的磷仔 煉金術師從尿中發現

房客資料卡

原子序	15	P
磷，音同：林		

珍貴指數
親密關係
危險程度

哎呀哎呀，不要邊走路邊抽菸，很危險耶。
公寓內禁止邊走邊抽菸喵。
嘿嘿～

與人體細胞、骨骼、生命活動密切相關的腺苷二磷酸（adenosine diphosphate，ADP）中的磷，是很重要的元素。磷的發現過程其實有點讓人不忍想像，古時候鍊金術師待人類尿液久置後腐臭，再加熱蒸餾提煉出磷，一開始磷被認為是為提煉黃金時所需的「賢者之石」。

我們在日常生活中使用到磷的是火柴，可是現今看到的火柴頂端的火藥裡並沒有磷，而是把磷移到火柴盒的摩擦面了。原理是摩擦火柴棒，讓火柴盒產生火花，藉此點燃火柴棒頂端的火藥，進而產生火光。磷有很多同伴，組成分明明只有磷，但外觀和特性卻截然不同，有紫磷、白磷、黑磷、赤磷、紅磷，或是白磷表面覆蓋紅磷的黃磷等。火柴盒上使用的是紅磷，而在西部電影中等常出現，隨時隨地都可以點燃的火柴則是黃磷。

小女孩賣的火柴

安徒生童話「賣火柴的小女孩」誕生於十九世紀中葉，當時火柴剛問世不久，跟現代的火柴截然不同。小女孩賣的火柴是黃磷火柴，火柴棒較長，造價也高，通常是論根賣的。黃磷或白磷是一種具有劇毒的化學品，由於工廠屢屢傳出磷中毒的事件，現在已經禁止使用。

【常溫狀態】固體　　【原子量】30.973762
【熔點】44.15°C　　【沸點】280.5°C
【密度】1.82 g/cm^3
【發現】1669 年，德國煉金術師布蘭德（Henning Brand）
【語源】希臘文 phosphoros，意思是帶來光明的。

S 16號房的阿硫
臭歸臭 卻是熟悉的溫泉味

比起其他元素，含硫的天然物化合比較容易取得，因此自古以來就為人類所利用。硫的取得以前多集中於火山等地帶，但是現在主要來自原油煉製的過程。

到溫泉勝地時，有時會聞到類似水煮蛋腐臭般的獨特味道。硫黃本身並沒有這樣的味道，那是硫黃和氫混合後產生的硫化氫的味道。而聞起來像水煮蛋絕對不是因為莫名的想像，而是蛋裡面也含有硫，用水煮蛋時產生硫化氫的緣故，溫泉和蛋還真是十分相配。

硫對我們日常生活貢獻最大的，莫過於橡膠的製造。十九世紀時，發現在天然橡膠中混合少許硫黃，便可以產生很大的彈性，之後硫就大量運用於交通工具的輪胎上。

除此之外，農家會利用燻硫的煙代替農藥來驅除病蟲害，或為柿子乾消毒、防止變色等等。

3週期
16族
硫
Sulfur

橡膠與硫的深厚關係

神奈川縣箱根大涌谷的名產是溫泉蛋，特色為蛋殼呈現黑色，這是因為溫泉裡含有鐵的緣故，裡面則跟一般的溫泉蛋沒什麼兩樣。一八三九年美國發明家固特異發明了橡膠輪胎，輪胎之所以呈現黑色則是因為摻了含碳的粉。如果在橡膠中加入更多的硫黃，讓材質變得更硬就成了硬橡膠，常用來做保齡球或鋼筆筆管。

【常溫狀態】固體　【原子量】32.065
【熔點】115.21°C　【沸點】444.6°C
【密度】2.067 g/cm^3
【發現】不詳
【語源】拉丁文 sulphur，意思是硫黃。

Cl

17號房的阿氯

身懷毒性，但也具備殺菌力而造福人類

房客資料卡

原子序 17 Cl

氯，音同：綠

珍貴指數

親密關係

危險程度

謝謝你總是幫忙消毒自來水道。
不會不會，我是因為喜歡才做的。
原來你喜歡乾淨喵。

氯具有強烈的殺菌力，在自來水中摻入適量的氯，便是活用氯殺菌的特性。淨水場作業的最終階段，也是用氯進行消毒，防止病菌入侵，守護飲用水的安全。氯的使用量當然控制在最低限度，法律規定自來水從家庭水龍頭流出來時，只能殘留微量的氯。此外，游泳池中用來消毒的白色錠劑也含有氯。

氯不是什麼壞東西，但是因為含有劇毒，因此很難讓人親近。氧化反應強，也用於漂白劑中等，必須標示好「不要混合，危險！」的警語。如果將水溶性強鹼氯系漂白劑和酸性廁所清潔劑等混合後，會因為酸鹼中和而產生劇毒的氯氣。實際上也曾發生過數人死亡的意外事故，而且氯比空氣重，如果只有打開窗戶，有時並不能達到立刻通風換氣的效果。

破壞臭氧層的現行犯

臭氧層可以吸收陽光裡大部分的紫外線，而破壞臭氧層的凶手雖然是人類製造出來的氟氯烷如冷媒，但實際上進行破壞臭氧層的凶手之一正是氯。被釋放出來的氟氯烷，大約花了二十年才慢慢上昇到平流層。於是，氟氯烷受到紫外線照射而分解，進而產生氯。氯原子再與臭氧反應，產生氧氣和氧化氯，造成臭氧逐漸減少。

【常溫狀態】氣體　【原子量】35.453
【熔點】-101.5°C　【沸點】-34.04°C
【密度】0.003214 g/cm^3
【發現】1774 年，瑞典化學家舍勒
【語源】希臘文 chloros，意思是黃綠色。

氬和氦、氖一樣，不容易和其他物質產生化學反應，在元素之中，被稱為稀有氣體。老是發呆，似乎沒什麼優點。可是，氬常被注入水銀燈、日光燈和燈泡內。氬可以提高日光燈燈光的穩定性，防止白熾燈的燈絲氧化。而且，因為和氖氣味相投，有時氬會摻入霓虹廣告看板內，負責發出藍色和綠色的霓虹燈光。

雖然氬身為稀有氣體之一，可是其實並沒有那麼罕見。氬在空氣中約占百分之零點九，以極為懸殊的差距僅次於氮和氧，是大氣中第三多的氣體。也因為氬可以用相對較便宜的價格取得，因此受到廣泛的運用。

發現氬的科學家們為氬取了一個不太值得驕傲的名字「不活潑的物質」，然而，其「不活潑」的特性正是它的功能所在。

醫療雷射的用途

氬可以做為手術用的雷射刀，由於肉眼能看見光，所以十分方便好用，也可以透過光纖，甚至在水中使用也沒有問題，氬又有止血作用，深受醫療界重用。此外，牙科醫生有時也會用氬做牙齒美白。氬的特質是不需太高溫就能得到強光。在牙齒表面塗上藥劑再以雷射照射，牙齒馬上煥然一新。令人遺憾的是，牙齒美白的療程並沒有健保給付。

【常溫狀態】氣體　【原子量】39.948
【熔點】-189.35°C 【沸點】-185.85°C
【密度】0.00017837 g/cm^3
【發現】1894 年，英國化學家藍塞
【語源】希臘文 Argon，意思是不工作的。

K 19號房的小鉀

重要的礦物質 香蕉含量豐富

耶
早上吃香蕉補充營養。
不喜歡吃蔬菜的年輕人，可以多吃一點香蕉喵。
吃香蕉也可以減肥喔。
房客資料卡
原子序 19 K
鉀，音同：甲
珍貴指數
親密關係
危險程度
巧克力香蕉

植物灰燼中含有鉀，自古以來一直為人們所利用，因此草木灰燼就成了鉀的命名來源。鉀也是製造肥皂、玻璃、火藥等的原料。可是，鉀遇到水會產生激烈的反應，具有容易產生化學反應的另一面。

再者，鉀也是人體每日所需的營養素之一，是維持神經及肌肉活性不可或缺的重要物質。當腎臟功能降低的時候，會造成體內的鉀囤積過量，恐導致身體產生機能障礙。但是一旦鉀不足，有時也會造成肌耐力低下或疲勞，出現高血壓等症狀，嚴重時可能連身體都無法動彈。由於偏食或飲酒過量也是導致鉀離子不足的原因之一，單身的年輕男性要特別小心。缺乏鉀離子的人要補充鉀，最簡單的方法就是吃幾根香蕉。香蕉除了含維他命和食物纖維之外，還有豐富的鉀離子，好處是攝取方式十分方便，即使香蕉加熱，營養也不會流失。

面孔多變的元素

鉀對人體來說是不可或缺的礦物質，對植物也十分重要，因為鉀和氮、磷為肥料的三大要素。可是，鉀與鈉一樣，必須保存在石油之中。也可當做火藥使用，可做為火柴、煙火或是炸彈的材料。此外，氰化鉀雖然含有劇毒而小有名氣，但是也能用於金屬電鍍，在工業領域是很重要的物質。

【常溫狀態】固體　【原子量】39.0983

【熔點】63.38°C　【沸點】759°C

【密度】0.89 g/cm^3

【發現】1807 年，英國化學家戴維

【語源】阿拉伯文 al-quali，意思是草木灰燼，也是鹼的語源。英文名稱的語源也是草鹼（potash）。

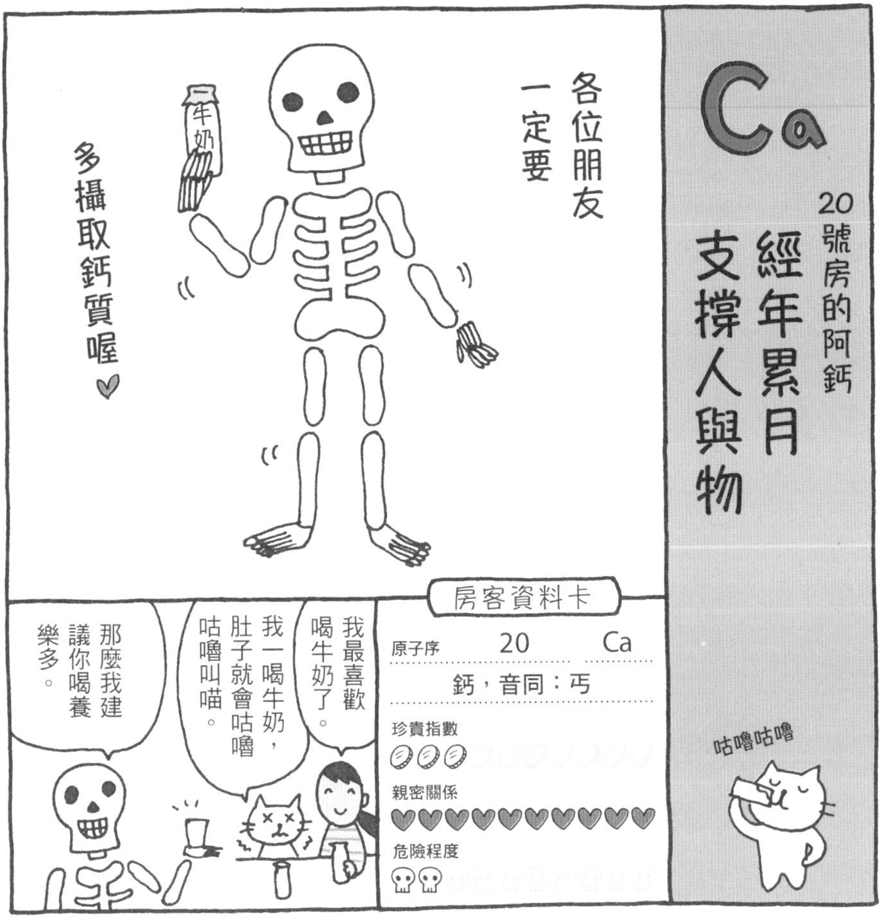

鈣是牙齒和骨骼的主要成分，人類一出生約有三百零五塊骨頭，到成人時約減少為二百零六塊。這是因為顱骨、尾骨等骨頭，會隨著年紀增長漸漸合在一起。嬰兒的骨頭又小又柔韌，但是在成長的過程中，骨骼慢慢吸收磷等元素而變得堅硬壯大。

此外，骨骼並非光是成長，骨骼裡有造骨細胞和蝕骨細胞，兩種細胞不斷地在進行建造和破壞的工作。大約在二年半到十年之間，身體所有的骨頭細胞會全部更新一次。

大理石、石灰石裡也含有鈣，追根究柢它們大多來自於海底生物。古代貝類、珊瑚、微生物等的屍骸含有豐富的鈣，經過數億年時間慢慢產生變化。如果再聯想到水泥的原料是石灰石，那麼說都市摩天大樓是靠古代生物支撐起來的，一點也不為過。

英文的 Lime 也是石灰

卓別林電影《舞台春秋》(Limelight) 中可以看到 Lime 做為石灰的用法，limelight (石灰燈)，同時也是十九世紀中期照明器具的名字。在沒有電的時代，以氫氧燄燃燒石灰發光的強光做為照明。也因為石灰燈在舞台上扮演著重要的角色，而衍生出受到社會關注的意思。

【常溫狀態】固體　【原子量】40.078

【熔點】42°C　【沸點】1484°C

【密度】1.45 g/cm^3

【發現】1808 年，英國化學家戴維

【語源】拉丁文 calx，意思是石灰。

21號房的小鈧 溫泉中的稀有金屬

Sc
來，伴手禮。
哇，溫泉饅頭！
房客資料卡
原子序 21 Sc
鈧，音同：康
珍貴指數
親密關係
危險程度

鈧常用於足球場、棒球場，或高爾夫球場等的夜間照明，一種叫做金屬鹵素燈的燈泡，算起來也是日常生活中常見的元素。燈光的顏色十分接近太陽光，比一般的燈泡更亮，壽命長又節能，唯一的缺點是價格昂貴。而混合鋁的鋁鈧合金，質地輕盈又耐高溫，因此未來在航太的運用備受期待。鈧是一個會花錢又愛裝腔作勢的角色。

從溫泉中也能提取

日本群馬縣的草津溫泉，譽為日本三大名泉之一，已經成功提取出鈧，提取量一年達數億日圓規模。可是提取鈧時需要用到一種特製的「金屬捕集布」，因此鈧似乎不像砂金般，不是每個人都能夢想一獲千金。

【常溫狀態】固體　【原子量】44.955912
【熔點】1541°C　【沸點】2836°C
【密度】2.99 g/cm^3
【發現】1879 年，瑞典化學家尼里遜
【語源】發現者的故鄉瑞典所在地，北歐斯堪地納維亞半島（Scandinavia）。

自十八世紀以來大家就發現鈦在地球上的含量很高，但是提煉高純度鈦的金屬精鍊技術昂貴費工，因此鈦的運用直到最近才開始受到矚目。鈦具備不易引發過敏等特性，對人體無害，再加上質地輕盈、耐高溫、強度高、堅固，不會生鏽，略帶低調的銀灰色色調也正好符合現代感，現在無論是在最先進領域或對一般家庭的男女老幼來說，鈦都是十分受歡迎的寵兒。

即使非金屬形態，鈦也能發光發熱

白粉狀的二氧化鈦做為顏料，廣泛使用於道路標示等，尤其是鈦具有光觸媒活性，更成為當紅炸子雞。當鈦接收太陽光時，能讓附著於表面上的物質分離掉落。將鈦加工塗抹於瓷磚表面，用於大樓外牆，便能輕易去除髒汙。

【常溫狀態】固體　【原子量】47.867
【熔點】1668°C　【沸點】3287°C
【密度】4.50 g/cm^3
【發現】1791 年，英國地質學家格雷哥爾
【語源】希臘神話的巨人泰坦(Titan)。

V

23號房的小釩
傳說中的關鍵之鑰握在海洋生物手上!?

釩天然水

富士山的泉水唷！
釩
天然水！
雖然也很在意健康，但只要好喝就行了吧。

房客資料卡

原子序 23 V

釩，音同：凡

珍貴指數

親密關係

危險程度

富士山的地下水因為含有豐富的釩，因此推出天然礦泉水做為商品。另外，釩和鐵合成的釩鐵，也因具有增加硬度的效用而赫赫有名，並廣泛利用在彈簧發條、工具、齒輪等工業製品上，美國福特汽車採用釩製作汽車零件並大獲成功。再者，大馬士革刀或日本刀等世界傳說的名刀，其尖銳鋒利也可說是拜釩所賜。

蓄積於海鞘的體內

雖然不知道詳細原因為何，但是被視為珍饈美味而受到部分人士大力推崇的海鞘，其血液中含有豐富的釩。另外，在委內瑞拉提煉出來的原油中也含有大量的釩，或許和海鞘類似，都是來自於古代生物吧。

【常溫狀態】固體　【原子量】50.9415
【熔點】1910°C　【沸點】3407°C
【密度】6.0 g/cm^3
【發現】1801 年，墨西哥化學家里奧（Andre's Manuel del Rio）
【語源】北歐神話中愛與美的女神維納斯（Vanadis）。

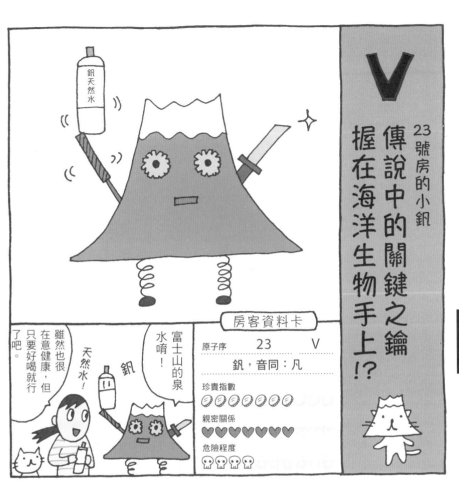

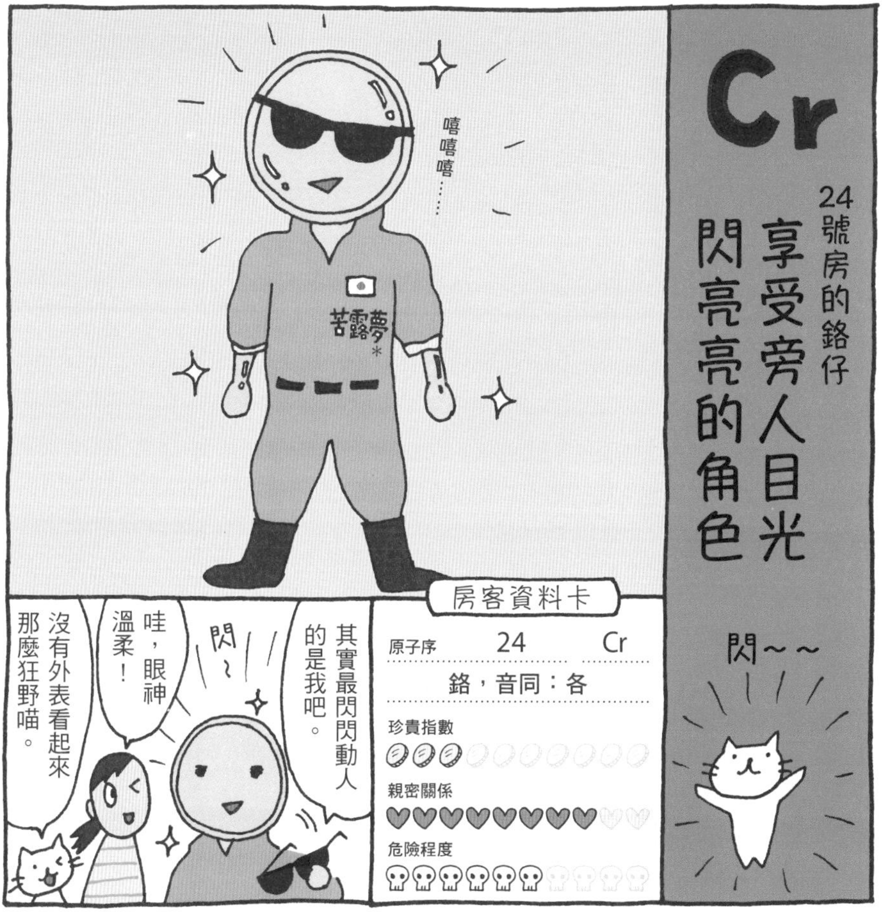
Cr
24號房的鉻仔
享受旁人目光閃亮亮的角色
嘻嘻嘻……
苦露夢*
閃～～
房客資料卡
原子序 24 Cr
鉻，音同：各
珍貴指數
親密關係
危險程度
其實最閃閃動人的是我吧。
閃～
哇，眼神溫柔！
沒有外表看起來那麼狂野喵。

*譯註：鉻的日文諧音

汽車跟摩托車上閃閃發亮的部件，通常都是鍍鉻。表面鍍了一層鉻，可以保護裡面的鐵部件不至於生鏽，看起來也相當美觀。此外，鉻與鐵的超強組合，即不鏽鋼，也受到廣泛運用。一般最常見的不鏽鋼成分，是加入鎳與百分之十八的鉻。不鏽鋼表面沒有任何塗裝卻不會生鏽，是因為內含的鉻會在表面與空氣反應，形成一層透明的薄膜。

不只會閃閃發光而已

如同鉻的英文名稱的由來，鉻的化合物可以呈現出各種不同的色彩。做為黃色顏料，日本繪畫顏料的山吹色，英文是 chrome yellow，也就是鉻黃色。鉻的化合物也會以日常生活中大家熟悉的綠色呈現，學校裡使用的黑板顏色，就是含鉻顏料產生的綠色。

【常溫狀態】固體　【原子量】51.9961
【熔點】1907°C　【沸點】2671°C
【密度】7.15 g/cm^3
【發現】1797 年，法國化學家沃克朗
【語源】希臘文 Chroma，意思是顏色。因為鉻可以變成各種顏色。

Mn
25號房的錳大叔
堅硬又脆弱的
大叔世代
錳
那邊
房客資料卡
原子序 25 Mn
錳，音同：猛
珍貴指數
親密關係
危險程度
遊戲機和玩具都是用鹼性電池。
是我太沒用了。
可是，手電筒和手錶都還是適合錳乾電池啊。

錳本身雖然既堅硬又脆弱，卻是提升鐵強度不可或缺的元素。在小學的自然課中，就是利用二氧化錳做為雙氧水的催化劑，使雙氧水變成水加氧，再利用集氣法收集氧氣。我們也是在這時學到「觸媒」這個名詞，在催化反應的過程中，觸媒本身不會發生變化。錳的來源不會出現在日常生活周遭。

電池的需求不會消失

說到錳，就會想到用錳做乾電池(即常見的碳鋅電池)。最近，鋒頭雖然有時被鹼性電池搶走，但是其正式名稱為「鹼性鋅錳電池」，絕不可能從此不相往來，而且現在人氣正旺的鋰離子電池，其正極材料也用到了錳。

【常溫狀態】固體　【原子量】54.938045
【熔點】1246°C　【沸點】2061°C
【密度】7.3 g/cm^3
【發現】1774 年，瑞典化學家甘恩(Johan Gottlieb Gahn)
【語源】拉丁文 magnes，意思是具磁性的。

阿喵專欄
稀有金屬

有時會看到「Rare Metal」，意指稀有金屬，這個名詞乍看非常響亮，但其實在國外，必須說「Minor Metal」才能通。相對之下，鐵和鋁平常被大量使用的金屬，則稱為「Common Metal」（常見金屬）喵。

在日常生活常用的鋰、鈹、鎵等，使用的量雖然不多，然而，比方說鋰電池無法用其他元素製作，而鋰是支撐現代社會不可或缺的重要元素。另外，除了稀有金屬之外，住在元素公寓二樓別館的鑭到鎦等鑭系元素、鈧、釔等包含十七種元素的稀土元素，也就是「Rare Earth」，全都屬於這個範疇。這些元素與金屬在電腦等電子設備、網路、強力磁石、雷射技術等最先進工業及醫療領域大放異彩，讓人們感到十分可靠喵。

稀有金屬及稀土元素，其流通的量雖然並沒有那麼多，但是產地過於侷限才是最讓人煩惱的事。比方說，號稱銦採掘量為世界第一的北海道礦山，最後因收支不平衡而宣告封閉，日本從最大的產出國突然逆轉為進口國，全球的供需地圖，有時只因為如此便全部改寫喵。

現在，日本的稀有金屬幾乎全部仰賴進口，因此為了有備無患，日本訂定了國家政策，將鎳、鉻、鎢、鉬、鈷、錳、鈀等七種元素的儲備量提高到六十天喵。

而回收行動電話及個人電腦的原因不在於提煉可以變成錢的貴金屬，重要的是不要浪費了無可取代的珍貴資源。

Fe

26號房的小鐵
支撐現代社會的萬能選手

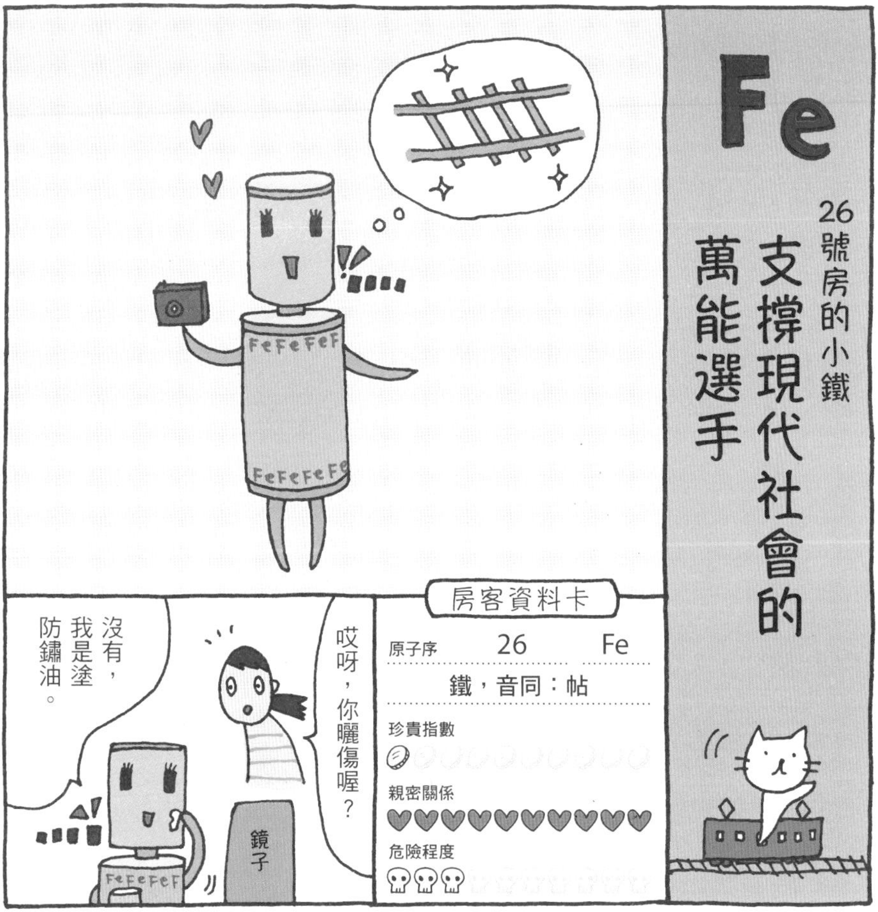
FeFeFeF
FeFeFeFe
房客資料卡
原子序 26 Fe
鐵，音同：帖
珍貴指數
親密關係
危險程度
哎呀，你曬傷喔？
鏡子
沒有，我是塗防鏽油。
FeFeFeF

鐵是在日常生活中最常見到的元素，鐵廣泛運用在各個地方，如建築物、交通工具、工具等。鐵唯一的缺點是太容易氧化，因此出人意表地，直接使用鐵的情況其實很少見。通常會混合其他金屬以合金的形態出現，或是鍍上防鏽金屬，又或在表面塗上塗料等，用盡一切辦法防止鐵生鏽。

鐵在人體內也扮演了重要的角色。說到血紅素，就是讓血液變成紅色的物質，而從肺吸入人體的氧氣，正是透過含有血紅素的鐵將其運送至細胞。鐵雖然是人體不可或缺的重要營養素，但是我們不能直接啃鐵，再者即使吞下鐵粉，人體也不能吸收，因此必須透過其他動植物間接攝取。動物肝臟、羊栖菜、菠菜等都含有豐富的鐵，必須注意飲食的均衡攝取，才不會缺鐵。

從古代延續至今的鐵文明

歷史上第一個開發冶鐵技術的是，距今三千四百年以前的西臺民族，他們居住在地中海克里特島附近的安納托利亞。天然生成的鐵礦中幾乎都是鐵氧化物，因此要從中提煉出生鐵，必須具備高超的冶鐵技術。而古代文明也從石器時代、青銅器時代，來到鐵器時代。西臺民族以自製的鐵兵器戰勝不堪一擊的青銅器武器，取得壓倒性的勝利，名揚四海。

【常溫狀態】固體　　【原子量】55.845
【熔點】1538°C　　【沸點】2861°C
【密度】7.874 g/cm^3
【發現】不詳
【語源】英文 iron 源自於古凱爾特語的「神聖金屬」。化學符號 Fe 則是源自拉丁文的鐵(ferrum)一字。

Co

27號房的鈷小姐

粉藍與粉紅的美麗雙色調

房客資料卡

原子序 27 Co

鈷，音同：姑

珍貴指數

親密關係

危險程度

鈷藍色常用來形容美麗的天空。阿拉伯的伊斯蘭文化中的彩色磁磚及日本瓷器的九谷燒等，陶瓷的青色都源自鈷藍色，從古代開始就已經在世界各地廣泛使用。不過，鈷展現的並非只有藍色，在添加維他命的眼藥水中，鈷則會變成粉紅色的。而在因天氣濕度變化的防潮乾燥劑中，我們可以看到藍色與粉紅色的雙色調變化，這正是利用了鈷鹽因水分變化的性質。

鈷也是怪獸角色

鈷（cobalt）這個字源自德國民間傳說的壞精靈（Kobold），在奇幻世界中也常以狗頭人身的哥布林形象登場，殘忍、狡猾，反正是種笨蛋型的雜魚角色，而且常在故事主角出場前就被幹掉。

【常溫狀態】固體 【原子量】58.9332

【熔點】1490°C 【沸點】2870°C

【密度】8.9 g/cm^3

【發現】1735 年，瑞典化學家勃蘭特（Georg Brandt）

【語源】德國民間傳說中，山裡的壞精靈（Kobold）。

充電式的鎳氫電池，是現代當道的寵兒。雖然要使用充電式的鎳氫電池，就一定要買比常用乾電池貴好幾倍的專用充電器，但考慮到充電電池可以重複使用，就長期來看可以節省許多費用，其實相當划算。而且另一個優點是電池不必用完就丟，不會造成更多垃圾。此外，鎳為合金的原料之一，十分珍貴。

具有超強磁性

用方便理解的話來說，就是磁鐵間容易互相吸引的性質。日本曾有兩種五十元硬幣在市面上流通，一種是舊式中央沒開孔的，一種是新式中央開孔的。這兩種硬幣都是用百分之百的鎳鑄成，所以常會被磁鐵吸住。（台灣目前流通的錢幣中也多含有鎳。）

【常溫狀態】固體　　【原子量】58.69
【熔點】1450°C　　【沸點】2730°C
【密度】8.902 g/cm^3
【發現】1751 年，瑞典化學家科朗斯達德（Axel Fredrik Cronstedt）
【語源】德國民間傳說中銅妖（Kupfernickel）的簡稱，銅妖是附在提煉不出銅的銅礦上的妖精。

幸會幸會
久仰久仰
汪！
房客資料卡
原子序 29 Cu
銅，音同：同
珍貴指數
親密關係
危險程度
嗯～這就是新幹線啊？
到京都只要兩小時二十分鐘喔。
今天大家一起去京都觀光吧喵。

Cu

29號房的銅仔

錢或武器都用它 人類自古的好朋友

人類使用銅的歷史已經超過一萬年了，最早使用的金屬用具與貨幣都是銅製。在古代墳墓中發掘出來的鏡子、樂器鐸、武器矛等，大多都是銅製。銅身為貴金屬，連奧運獎牌都有個銅牌，可以說是個厲害的傢伙。

大家都知道，銅有容易導電及容易傳熱的性質，不過最近則是因為銅具有殺菌效果而備受注目。銅的殺菌效果也得到政府機關的認同，在醫療環境及一般家中廚房的使用都相當活躍。殺菌力驚人，如十元日幣（銅成分占百分之九十五）的表面上倖存的細菌很少（新台幣一元的銅成分約百分之九十二）；而醫院的護士光是使用筆管為銅製的原字筆，就能達到抑菌效果。在悶了一天的鞋子裡，放進數枚含銅量高的硬幣，經過一個晚上就能達到殺菌、除臭的效果。

銅綠不是毒！

在銅像或銅製武器的上方，經過一段時間就會在表面形成綠色的氧化皮膜，這就是俗稱的銅綠。銅綠是一種類似鐵鏽的物質，因為銅表面接觸到含有水分的空氣所致，但也因為銅綠的保護，內部不會被腐蝕而得以長久保存。以前人們都相信銅綠含劇毒，但一九八〇年代日本厚生省（相當於行政院衛福部）下令進行實驗，最後確認銅綠幾乎不具毒性。

【常溫狀態】固體　【原子量】63.546

【熔點】1083.4°C　【沸點】2570°C

【密度】8.96 g/cm^3

【發現】不詳

【語源】古代地中海的賽浦勒斯島便以豐富的銅礦著稱，享有「賽浦勒斯之礦」（拉丁文 Cuprum）的美名，銅便以此命名。

Zn

30號房的小鋅 對人體相當重要

我是小鋅
請多指教！
房客資料卡
原子序 30 Zn
鋅，音同：辛
珍貴指數
親密關係
危險程度
我另外一個名字叫亞鉛，可是我跟鉛一點關係都沒有喔。
鉛
也沒有毒喵。
而且對人體是很重要的營養素唷。

雖然在理化實驗教室以外，看到鋅的機會很少，但藉由鋅製波浪板跟黃銅等物，鋅對我們日常生活影響深遠。

現在我們生活裡使用塑膠製品的頻率相當高，像是籃子、盆子、熱水袋等，但從前這些裝水用的容器，曾以鍍鋅薄鐵板的金屬製品為主流。還有，平民房屋的外牆、倉庫的屋頂等都常用鍍鋅波浪板，田間隆起的播種土堆上覆蓋或區隔的板子也以鋅板為主流。鋅板表面受傷時，外層的鋅會先氧化，保護鐵板不被腐蝕，因此可以長久使用。最近也常看到街上的交通號誌或是路燈，以無塗裝的姿態出現，因為在交通號誌或路燈表面鍍鋅比塗上一層油漆更便宜，持續時間也更長。

黃銅是紅銅與鋅的合金，在日幣五元硬幣、日用品、銅管樂器等受到廣泛運用。銅管樂隊的「銅管」指的就是黃銅製的。

重要的礦物質之一

鋅是人類賴以生存必要的元素之一，在牡蠣、鰻魚、動物肝臟等食物中含量豐富。缺鋅有時會導致味覺能力低下。市面上也有販售鋅的營養補充品，但是跟其他元素一樣，攝取過量反而會有損害健康的危險，不得不當心。另外，家庭常備藥中常見氧化鋅軟膏，對濕疹、凍瘡、輕微燒燙傷等症狀具有穩定效果，也可以預防發炎，保持患部乾燥。

【常溫狀態】固體　【原子量】65.38

【熔點】419.58°C　【沸點】907°C

【密度】7.133 g/cm^3

【分離】1746 年，德國化學家馬格拉夫（Andreas Sigismund Marggraf）

【語源】德文 zink，意思是齒。

Ga
31號房的小鎵
藍光發光的二極體一夕成名
看不太到耶
房客資料卡
原子序 31 Ga
鎵，音同：家
珍貴指數
親密關係
危險程度
我最受不了天氣熱了～
小心別中暑了喔。
好像很難受的樣子喵。

鎵在常溫下是固體，但熔點相當低，光是人類的體溫就足以令鎵熔化，這也是它的一大特點。鎵是像巧克力一般的柔軟金屬。

鎵可做為半導體的材料，因此手機、數位相機等常常用得到，特別是做為最近極受注目的發光二極體（LED）的用途。紅色、綠色，加上藍色就成了光的三原色，這也是電腦呈現色彩的三種色光（RGB），透過這三色交互增減，所能顯現出的顏色，便稱為全彩（Full Color）。目前體育場或棒球場裡的巨大螢幕都以採用LED為主流。而發光時從正面看上去一粒一粒的交通號誌就是採用LED燈，近來也增加了不少。LED的特徵是消耗電力少，在陽光照射下也不易反光。

LED也應用在光碟、DVD的讀寫技術（雷射二極體）上，而隨著藍色雷射二極體的開發，藍光播放器也得以普及。

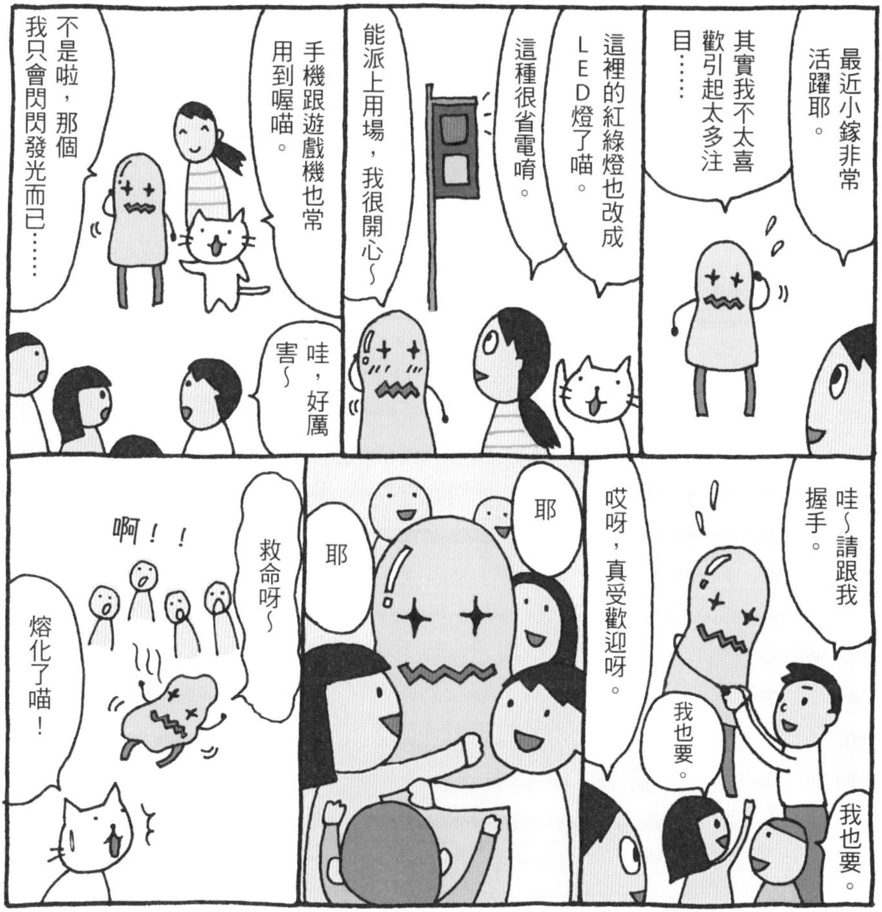

走在時代尖端的半導體

鎵做為半導體材料之一，其中最受歡迎的是跟砷的化合物──砷化鎵。雖然比起矽半導體來說，以砷化鎵為材料的半導體在製作與加工這兩方面難度更大、耗費的金錢也較多，但具有運行快、消耗電力低等特點，適合運用在小型裝置上，對手機而言更是不可欠缺的材料。

【常溫狀態】固體　【原子量】69.72

【熔點】29.78°C　【沸點】2400°C

【密度】5.913 g/cm^3

【發現】1875 年，法國化學家布瓦伯德朗 (Paul-Émile Lecoq de Boisbaudran)

【語源】拉丁文 Gallia，法國古名高盧。

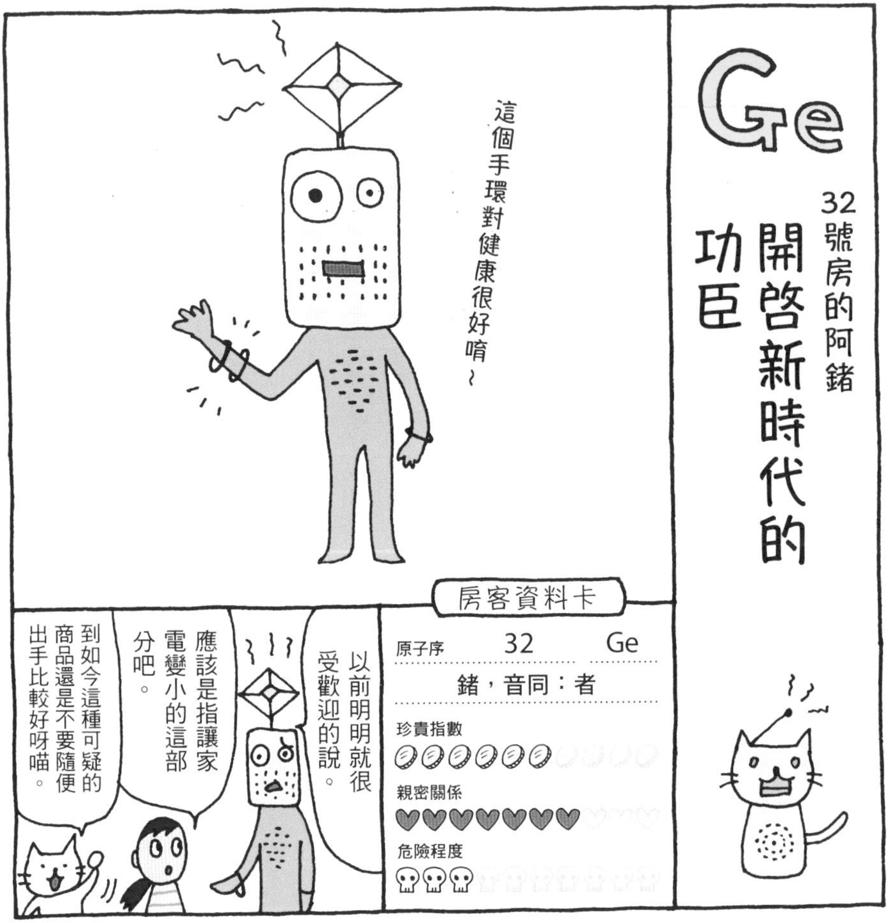
Ge
32號房的阿鍺
開啟新時代的功臣
這個手環對健康很好唷~
房客資料卡
原子序 32 Ge
鍺，音同：者
珍貴指數
親密關係
危險程度
以前明明就很受歡迎的說。
應該是指讓家電變小的這部分吧。
到如今這種可疑的商品還是不要隨便出手比較好呀喵。

距今六十年前左右，鍺的半導體特性受到重視，而鍺二極體的發明則取代了電子裝置中的真空管，應用這項特點的其中一件產品就是電晶體收音機。儘管如此，後來半導體的主流材料變成矽，鍺就成了沒人願意理睬的窗邊族。不過，鍺在歷史上貢獻度高，而大叔世代裡被手作電晶體收音機感動的人也不在少數。

保健用品的功效不明

臉部按摩滾輪、項鍊、手環等含鍺的保健用品在市面上大量販賣，鍺溫浴或岩盤浴也深受歡迎，但是鍺對人體的效果至今尚無科學根據。含鍺的營養補充品上市後曾發生事故，現在一般公認攝取鍺對人體有害。

【常溫狀態】固體　【原子量】72.63
【熔點】937.4°C　【沸點】2830°C
【密度】5.323 g/cm^3
【發現】1885 年，德國化學家溫克勒（Clemens Alexander Winkler）
【語源】拉丁文 Germania，德國古名日耳曼尼亞。

砷做為毒藥的印象相當強烈，最出名的化合物為砒霜，是古代暗殺高官政要的利器。主要因為砷無色無味無臭，也不會留下任何證據，那些對危險有高度感知能力的動物，也逃不過砷的威脅。砷做為滅鼠藥也相當出色，日本江戶時代後半時期，在平民百姓之間也非常盛行。

神祕生物真偽難辨

二〇一〇年末，美國太空總署（NASA）的研究團隊宣稱，他們發現一種完全違反生物學的細菌，其DNA中含有劇毒砷，而非常見的磷。這個發現在當時引起軒然大波，反對者也不在少數，一直到現在也未見定論。

【常溫狀態】固體　【原子量】74.9216
【熔點】817°C　【沸點】613°C
【密度】5.73 g/cm³
【發現】不詳
【語源】希臘文 arsenikon，意思是強而有力、富男子氣概的。

Se

34號房的小硒

全球四分之一產量出自日本

房客資料卡

原子序　34　Se

硒，音同：西

珍貴指數

親密關係

危險程度

硫化物的礦物中可以發現硒，它也是再煉銅時的副產品，產量不多，而其中產量最大的出產國是日本。硒是維持人體健康必要的礦物質營養素之一，嚴重缺乏硒時會導致疾病，不過人體所需的硒相當少，只要飲食習慣正常，就不需要太擔心缺硒。此外，硫化硒也具有殺菌以及抑油的效果，因此常見於人類或寵物用的藥用洗髮精中。

與傳統相機共榮辱

硒化合物具有光電效應，也就是照到光時會產生電流，因此常應用於夜用攝影機以及一般手動相機用的測光表。這種測光表不需用到電池相當方便，但是比起使用半導體的測光表效率低下，於是現在幾乎不再使用。

【常溫狀態】固體　【原子量】78.96
【熔點】217°C　【沸點】684.9°C
【密度】4.79 g/cm^3
【發現】1817 年，瑞典化學家貝采利烏斯、甘恩
【語源】希臘文 Selene，意思是月。

溴是從鹽沼中發現的一種珍貴液體，現在主要是從海水提取。生長在地中海的骨螺，其透明體液中含溴，可以製成一種名為「泰爾紫」（Tyrian Purple，紅紫色）的染料，一直到十九世紀都被視若珍寶。正因如此，當初發現溴時曾想用泰爾紫命名，卻遭到反對而作罷，最後才命名為溴這個令人同情的名字。事實上，溴化作氣態時的確是種具有刺激臭味的劇毒。

日本的明星照專賣

溴化銀可做為類比相機的底片感光材料，這是溴在我們日常生活的少數應用之一。一九三〇年代，日本淺草的 Marubell 公司開始販賣藝妓或明星歌手的照片，並稱為 Bromide，原本的意思是溴化，但在日本文化中泛指明星照。明星照一直到一九九〇年代都相當盛行，每個月都有男／女歌手、男／女演員照片銷售排行榜。

【常溫狀態】液體　【原子量】79.904
【熔點】-7.2°C　【沸點】58.78°C
【密度】3.10 g/cm^3
【發現】1826 年，法國化學家巴萊（Antoine Jérôme Balard）
【語源】希臘文 bromos，意思是惡臭。

Kr
36號房的阿氪
阿呆超人
房客資料卡
原子序 36 Kr
氪，音同：克
珍貴指數
親密關係
危險程度
如果很急，用飛的也沒關係呀喵。
我跑步是因為在減那個什麼肥啦，呼哈呼哈……
咚咚
猫

氪與氦、氖、氬一樣，都是有點呆的角色，同屬惰性氣體，很少與其他元素混在一起，進行化學反應，是個愛孤獨的元素。身為惰性氣體之一，氪主要活躍的舞台同樣是在燈泡裡。手電筒用的氪氣燈泡價格高昂，因為氪的熱傳導較不佳，燈泡中的燈絲壽命較長。氪是種比空氣重的氣體，如果跟氦氣一樣吸入氪氣並講話，聲音會變低。

超人的故鄉

無論是出現在歐美漫畫裡，或是大螢幕上的超人，我們從小就耳熟能詳。超人從克利普頓星（Krypton，也就是氪）來到地球，唯一的弱點是大多為綠色的克利普頓石，可以讓超人暫時失去所有的超能力。當然以上都是漫畫裡的故事，現實中克利普頓石並不存在。

【常溫狀態】氣體　【原子量】83.798
【熔點】-156.6°C　【沸點】-153.35°C
【密度】0.003733 g/cm^3
【發現】1898 年，蘇格蘭化學家藍塞、英格蘭化學家特拉維斯
【語源】希臘文 Kryptos，意思是隱藏。

銣因為GPS的普及而大受歡迎，因為判定正確位置要用到銣振盪器及銣原子鐘。銣原子鐘的正確性很高，每十年大約誤差一秒。為了確定現在的時間為何，由六十幾個國家實驗室的原子鐘計時，並傳到國際度量衡局平均，每月固定公布的，稱做「國際原子時」。而我們日常生活用到的時間，則是經過修正後的「世界協調時」。

在地質界與考古界都很活躍

銣的同位素，銣87也帶有放射性，釋出射線，會漸漸衰變成鍶。銣87衰變成鍶87的半衰期長達四百八十八億年，這種特性可用於年代判定，稱為銣鍶定年法，適合岩石、礦石，甚至月球石的年代判定。

【常溫狀態】固體　【原子量】85.4678
【熔點】38.89°C　【沸點】688°C
【密度】1.532 g/cm^3
【發現】1861年，德國化學家本生（Robert Wilhelm Bunsen）、克希荷夫（Gustav Robert Kirchhoff）
【語源】拉丁文rubidus，意思是暗紅色。

Sr

38號房的鍶小姐

火紅華麗地燃燒

房客資料卡

原子序　38　Sr

鍶，音同：思

珍貴指數

親密關係

危險程度

在夜空綻放出美麗色彩的煙火，當中充滿熱情的紅色就是鍶的顏色。不只煙火，我們在電影中看到的紅色信號彈裡，也含有鍶的化合物。雖然在日常生活中很少用到信號彈，但是對於航海員、救難隊、巡邏隊或野外求生的人來說，在緊急情況下信號彈還是能派上很大用場。信號彈的顏色會因內含物不同而改變，而鍶化合物特有的鮮亮紅色，是其他元素難以取代的。

與骨頭關係匪淺

鍶與鈣相似，容易被人體中的骨頭吸收。核子試爆後發現具放射性的鍶－90，容易被骨頭吸收，所以相當危險。不過，反過來也可以利用具放射性這個性質，來治療或診斷骨癌。簡直就是雙面刃。

【常溫狀態】固體　【原子量】87.62
【熔點】769°C　【沸點】1380°C
【密度】2.54 g/cm^3
【發現】1787 年，英國化學家戴維
【語源】英國北部蘇格蘭的村莊 Strontian，從此地出產的鉛礦石中發現了鍶。

Y
39號房的小釔
醫療用、工業用都吃香的雷射
雷射雕刻開始！
緊張
冒汗
房客資料卡
原子序 39 Y
釔，音同：乙
珍貴指數
親密關係
危險程度
字刻錯了喵！
佇立的描
啊，糟了。
還可以改嗎？

釔的化合物作為超導體的材料而聲名大噪，由釔、鋁、氧三種元素組成的晶石，釔鋁石榴石（yttrium aluminum garnet，YAG）因為可用於產生強力雷射而揚名，這種雷射在醫療界及工業界運用廣泛而大受歡迎。此外，這種雷射近來更運用在玻璃中雕刻出立體圖像，也就是玻璃雷射雕刻，開拓了新的走向。

性格名字都相似

釔的性質與鑭系元素的相似，卻並非鑭系元素的一份子。釔的英文名稱源自瑞典村落伊特比，在這個村落裡開採出硅鈹釔礦，最後從礦物中發現了釔。同樣以伊特比村命名的還有鋱、鉺、鐿，非常容易混淆。

【常溫狀態】固體　【原子量】88.9059
【熔點】1520°C　【沸點】3300°C
【密度】4.469 g/cm^3
【發現】1794 年，芬蘭化學家加多林（Johan Gadolin）
【語源】瑞典村落伊特比（Ytterby）。

Zr

40號房的小鋯

硬度、光芒都不是假的

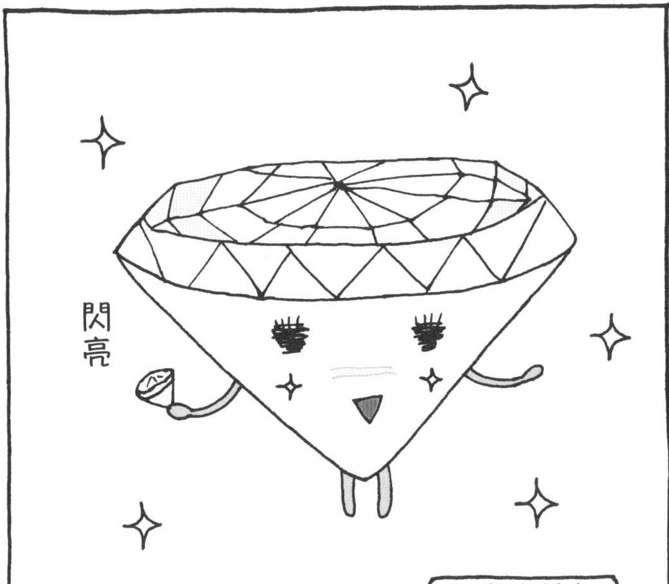

房客資料卡

原子序 40 Zr

鋯，音同：告

珍貴指數

親密關係

危險程度

立方氧化鋯因顏色性質與鑽石相似，常被做為鑽石的替代品，俗稱蘇聯鑽，以人工方式合成，與天然的鋯石不同。耐熱性佳，因此也用於化妝品等領域。立方氧化鋯的折射率稍低於鑽石，但肉眼近看的光芒閃爍跟鑽石幾無二致。加入其他元素後，可製造出各種不同的顏色。立方氧化鋯比鑽石重，觸感也稍有不同，據說專家是可以分辨出來的。

陶瓷刀也愛用

刀身輕薄、不會殘留食物味道的白刃陶瓷刀或陶瓷剪刀，主要成分正是二氧化鋯。精密陶瓷與傳統陶瓷不同，以細碎粉末狀的無機材料為原料，高溫定型。比起鐵製或鋼製的刀刃，陶瓷刀更適合用於料理食材。

【常溫狀態】固體　【原子量】91.224

【熔點】1850°C　【沸點】4400°C

【密度】6.506 g/cm^3

【發現】1789 年，德國化學家克拉普洛斯（Martin Heinrich Klaproth）

【語源】鋯石（zircon），而鋯石的語源來自波斯文 zarqun，意思是金色。

希臘神話的悲劇人物

鈮的英文名稱來自希臘神話中的王后尼俄柏，宙斯的孫女。尼俄柏是底比斯王安菲翁的妻子，因育有七子七女而驕傲自負，並嘲笑太陽神阿波羅的母親勒托只育有一子一女。最後尼俄柏的子女全部遭到阿波羅及月神阿蒂蜜絲殺害。

鈮是一種質軟的金屬，幾乎不會單獨使用，加入少量的鐵之後就變成高溫耐熱合金，高強度且不易生鏽，因此廣泛運用於車輛的車身、船隻、橋樑以及渦輪發電機等等。此外，鈮與鈦、錫混合的合金可做為合金超導體，日本的超電導浮軌列車的浮軌所用到的電磁石中，就含有這種超導體。

【常溫狀態】固體　【原子量】92.9064
【熔點】2470°C　【沸點】4700°C
【密度】8.56 g/cm^3
【發現】1801 年，英國化學家哈契特（Charles Hatchett）
【語源】希臘神話中宙斯的孫女尼俄柏（Niobe）。

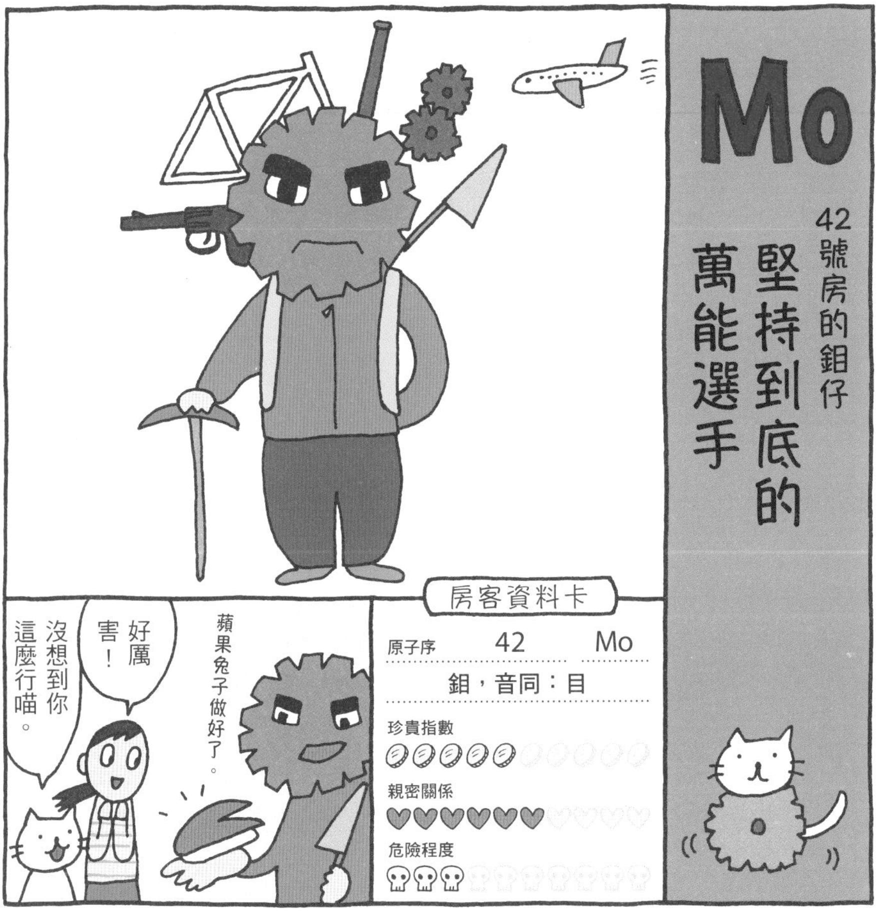

鉬是看起來偏機械領域的元素，卻也是與人體調節尿酸大有關係的重要元素。自行車的車架、登山用的破冰斧、高級料理菜刀等鋼材，都是混含微量的鉻與鉬的合金鋼。此外，鉬也是齒輪、武器、飛機等機械零件的鋼材的成分之一。鉬雖然比較容易氧化，但是加入鋼鐵中可提高鋼鐵的硬度，並賦予鋼鐵強韌的特性。

現身文學作品的元素

日本文學家宮澤賢治的作品《風之又三郎》中，那位令人覺得有點不可思議的轉學生的父親，正是被派遣到故事的主要舞台──礦村，擔任鉬礦調查的礦業技師。宮澤賢治從小學時代開始熱衷礦物採集，在盛岡高等農林學校時代更積極投入地質的調查研究。

【常溫狀態】固體　【原子量】95.96
【熔點】2620°C　【沸點】4660°C
【密度】10.22 g/cm^3
【發現】1778 年，瑞典化學家舍勒
【語源】希臘文 molybdos，意思是鉛。因為鉬原礦類似鉛礦。

Tc
43號房的小鎝
第一號人造元素
頭好重喔～
房客資料卡
原子序 43 Tc
鎝，音同：塔
珍貴指數
親密關係
危險程度
聽說地球以前也有很多我的同伴。
現在只存在遙遠的星球上吧。
例如獵戶座的參宿四等星球喵。

鎝是第一號人造元素，會一面釋出放射線一面衰變。地球剛誕生時也存在於自然界中，但是因為鎝將放射線釋出到完全消失所歷經的時間比較短，所以到今日鎝幾乎已經衰變殆盡，只剩下鈾礦中還存留非常些微的蘊藏量。現代已經可以利用人工方式，以鉬為原料合成。藉由觀測光線的方式，可以發現宇宙中的紅巨星上有鎝蘊藏。

應用在放射診斷用藥

鎝具有在短時間內全數釋出放射線，以及能量不強這兩大特性，對人體的危害較少，因此可以利用它容易穿透物質的特性，做為放射診斷的用途，方便醫師調查身體內部的健康情形，例如確認腦血管是否阻塞，體內是否有癌細胞發生，癌細胞是否已經轉移到骨骼等。

【常溫狀態】固體 【原子量】98
【熔點】2170°C 【沸點】4900°C
【密度】11.50 g/cm^3
【發現】1937 年，義大利物理學家塞格雷(Emilio Segrè)、礦物學家佩里耶(Carlo Perrier)
【語源】希臘文 technikos，意思是人造的。

Ru
44號房的釕先生
擅長手寫字的俄羅斯富翁
今後的時代不能光靠類比資訊
心愛的筆記型電腦
房客資料卡
原子序 44 Ru
釕，音同：了
珍貴指數
親密關係
危險程度
聽說你寫得一手好字。
字跡明明很醜喵。
人家最近比較少拿筆寫字嘛。

釕是一般人非常陌生，卻名列貴金屬行列的金屬元素。外觀或性質類似白金，除了可以加工成珠寶飾品以外，也應用在高級鋼筆的筆尖銥點製作上。也應用在日常生活中的商品，例如電腦硬碟中的記憶體。記憶體中薄薄的釕層，對於擴增記憶容量很有幫助。

日本拿下諾貝爾獎的大功臣

野依良治博士在二〇〇一年獲頒諾貝爾化學獎，背後大功臣就是釕。野依博士研發出釕錯合物（BINAP），這是種更有效的不對稱催化劑，目前廣泛應用於醫藥品領域。

【常溫狀態】固體　【原子量】101.07
【熔點】2310°C　【沸點】3900°C
【密度】12.41 g/cm^3
【發現】1884 年，俄國化學家克勞斯（Karl Ernst Claus）
【語源】拉丁文 Ruthenia，俄羅斯的古名。

銠也是一般人相當陌生，卻名列貴金屬行列的元素，價格在黃金與白金之上，是超級高貴的金屬元素。礦藏量相當稀少，因此只用於高級相機元件或高級飾品的電鍍層等。銀金屬鍍銠可以避免銀金屬氧化而髒污變色，是著名的電鍍工法。另外，銠的微粒粉末可以做為觸媒，發揮淨化汽車廢氣中的氮氧化合物的機能。銠不光是外表閃亮的金屬，更是實力堅強的實力派元素。

諾貝爾得獎技術也應用在零食

野依良治博士開發的觸媒技術不僅可用釕元素，也可用銠元素。實際應用商品包含糖果和口香糖中，大家耳熟能詳的添加物──薄荷醇。薄荷醇分為有香與無香兩大種類，使用這項技術可以只選擇具有香氣的部分。

【常溫狀態】固體　【原子量】102.9055
【熔點】1970°C　【沸點】3700°C
【密度】12.41 g/cm^3
【發現】1803 年，英國化學家沃拉斯頓（William Hyde Wollaston）
【語源】希臘文 rodeos，意思是玫瑰色。因為銠發現自玫瑰色溶液。

晶亮
墜落
沒、沒事啊。
你在這種地方做什麼喵？
啊，嚇到。

Pd

46號房的小鈀
和人類與氫氣都相處融洽

房客資料卡

原子序 46 Pd

鈀，音同：巴

珍貴指數 ●●●●●●●●（8）

親密關係 ♥♥♥♥♥♥♥♥（8）

危險程度 ☠☠（2）

鈀是貴金屬之一。大部分礦藏位於南非共和國和俄羅斯。礦藏量不多，所以夂列貴金屬行列。對於人體，毒性很低，常與黃金或銀混合製成合金，用於牙科治療。鈀與金的合金稱為白色金（white gold，俗稱K白金），是人氣頗高的珠寶飾品素材。鈀的另外一個特色是可以吸納體積達九百倍以上的氫，不過相關應用未定。

以當時熱門討論的小行星命名

鈀的名稱來自在同時期所發現小行星帶中體積最大的小行星──智神星。過去，穀神星是最大的小行星。二〇〇六年新增準行星為分類項目以後，穀神星就晉級為準行星。智神星以宙斯的女兒雅典娜的別稱（Pallas Athene）命名。

【常溫狀態】固體　【原子量】106.42
【熔點】1550°C　【沸點】3100°C
【密度】12.02 g/cm^3
【發現】1803 年，英國化學家沃拉斯頓
【語源】1802 年發現的小行星，智神星（Pallas）。

阿喵專欄

人類與元素

青銅器與鐵器是代表人類文明的金屬器具，人類早從紀元前時代就懂得製作與利用青銅器與鐵器。金與銀，是代表富貴與權力的象徵，自古以來就是人類嚮往擁有的目標。不過，一般人很少會以「元素」角度看待銅鐵金銀。最早思考東西是怎麼構成的，是西元前六世紀時，個性好辯論的希臘哲學家泰勒斯（Thales of Miletus）。泰勒斯認為，水是萬物的根源，所有東西都是由水構成的喵。

或許是太過偏離事實的緣故，這個說法完全得不到支持。後來另有幾位學者提出：萬物應該是由幾種不同的元素構成，並指出就是土、水、空氣和火這四種元素。所謂的「四元素說」於是誕生，這個世界觀和有好多怪獸的動漫世界是一樣的喵。

古代的「煉金術」，也就是設法把鐵或銅之類的金屬變成黃金的賺錢伎倆，正是由以上觀點衍生出來的。卻沒想到，無論什麼東西也沒辦法冶煉成黃金。反倒是藥品製作和實驗方法等技術，因此而出現飛躍性的進展。既然這樣，應該也可以說：現代化學是從煉金術中誕生的。況且最早發現磷的德國人布蘭德（Henning Brand，十七世紀），就是一個煉金術師喵。

時代演進，大約在十八世紀時，現代元素概念在法國化學家拉瓦錫（Antoine-Laurent de Lavoisier）的努力下獲得推廣。拉瓦錫研究許多物質，一一確認到無法再更進一步分解的程度，終於舉出三十三種「元素」——包含氧氣、氫氣等氣體，硫磺、磷等非金屬，金、鐵等金屬——著實為近代化學奠定根基。富豪出身的拉瓦錫雖然娶了美麗的妻子瑪麗—安娜，協助他研究志業，卻被也身為王朝政府稅務官的身分連累，在一七九五年，法國大革命爆發後不久被拉上斷頭台，被迫結束生涯喵。

Ag

47號房的銀大叔
和洗衣機聯手抑制細菌與黃斑汙垢

YO！
房客資料卡
原子序 47 Ag
銀，音同：吟
珍貴指數
親密關係
危險程度
這大叔有點土喵！
你不覺得，愈看愈有酷嗎？

比起散發暴發戶氣息的黃金，銀的白色金屬光輝在年輕階層頗受歡迎。純銀的質地柔軟，假如要製作成飾品，通常會混合其他金屬，變成銀合金形式方便利用。有些人會對純銀金屬過敏，而且純銀表面容易隨時間而變色，也是人類通常以合金形態利用銀的原因。但是也有些人就是喜歡那種氧化成暗色，閃光受到遮蔽的「古銀色」。

中古世紀的人們認為，銀接觸到毒以後，表面會反應成霧黑色，所以中古世紀的當權者或富豪為了避免遭人毒害，偏好使用銀製餐具。不論銀對毒物的反應如何，銀確實擁有殺菌功效，現在日本已有部分民營澡堂的洗澡水或洗衣機採用銀離子殺菌。銀離子殺菌設備是以通電方式產生銀離子，利用銀離子消滅細菌。而洗衣機的殺菌組件是鑲入式的銀金屬板，會隨使用時間而消滅，必須每隔幾年就更換。

礦藏量世界屈指可數的銀礦山

座落於日本島根縣大田市的石見銀山，從戰國時代末期到江戶時代期間，銀礦產量相當豐富。石見銀山的礦藏量自江戶時代以後逐漸枯竭，目前已經封閉礦坑。由於該礦區過去並非一味採礦而過度砍伐樹木，對自然環境管理得宜，因而獲得聯合國教科文組織的高度評價，於二〇〇七年榮登世界文化遺產之列。

【常溫狀態】固體　【原子量】107.8682

【熔點】961.93°C　【沸點】2210°C

【密度】10.50 g/cm^3

【發現】不明

【語源】歐洲自古以來對銀的稱呼。化學符號 Ag 源自拉丁文 argentum，意思是銀，而阿根廷（Argentina），其實就是銀之國度。

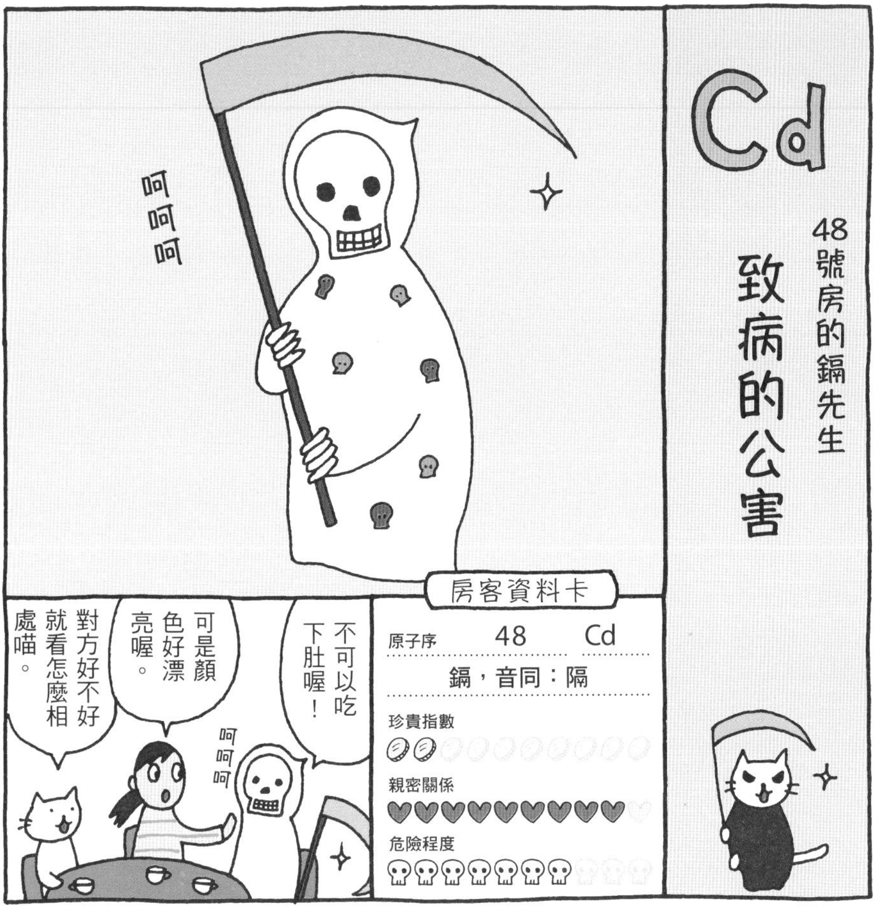

鎘常應用於鎳鎘蓄電池，是貼近日常生活的元素，卻也是引發俗稱為「痛痛病」的公害元素。持續食用遭鎘汙染的稻米或蔬菜，會導致腎臟機能障礙，或骨骼脆化等病症。鎘通常與鋅一起被開採出來，且大量流入冶煉廢水中，因而造成公害，導致疾病。如果礦山是位於河川上游，汙染情形就很容易擴大。

黃色與紅色顏料的原料

黃色和紅色是水彩或油畫常用的顏料。其中，因色彩鮮濃而廣受喜愛的鎘黃色與鎘紅色，就是原料含鎘的顏料。不過顏料商宣稱，部分顏料所採用的有毒原料含量在基準範圍以內，而且不會溶出有毒成分。

【常溫狀態】固體　【原子量】112.41
【熔點】320.9°C　【沸點】765°C
【密度】8.62 g/cm^3
【發現】1817 年，德國化學家斯特隆美爾（Friedrich Stromeyer）
【語源】希臘文 Kadmeia，發現鎘的原礦石名。

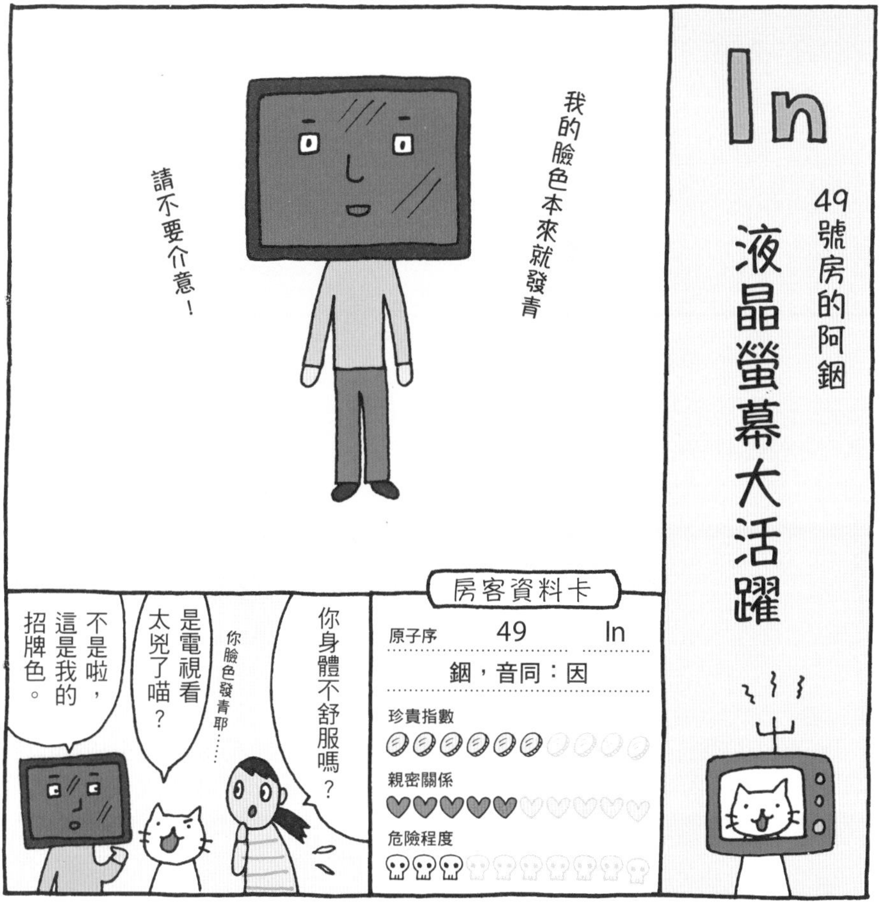

世界第一銦礦出產國已經由日本讓位給中國，不過世界第一銦礦消費國到目前為止還是日本。銦是電視、電腦等液晶面板或半導體之類的產品不可或缺的原料，而這正是日本成為銦礦的第一消費大國的原因。銦與氧和錫化合可以形成透明的導電物質。液晶畫面以控制電流的方式呈現畫面，由於銦錫氧化物是透明的，所以夾在液晶面板中並不會妨礙畫像呈現。

世界首屈一指的銦礦山在日本

日本北海道的豐羽礦山，盛產銀、鋅、鉛等多種礦物。當地礦石的銦含量尤其高，不論是礦藏量或開採量都曾勇奪世界第一。後來因為不符合開採成本，已經於二〇〇六年在惋惜聲中封閉礦山。

【常溫狀態】固體　【原子量】114.818
【熔點】156.61°C　【沸點】2080°C
【密度】7.31 g/cm^3
【發現】1863 年，德國化學家萊西（Ferdinand Reich）、里希特（Hieronymous Theodor Richter）
【語源】拉丁文 indigo，意思是靛藍色。因為發現銦時散發靛藍色的光澤。

由鐵片鍍錫而成的馬口鐵（鍍錫鐵）主要應用於罐頭或玩具方面，因此錫算是大家從小就很熟悉的國民元素。錫的毒性低，不容易生鏽，而且熔點比較低，自古以來就被視為珍貴的礦產。東南亞有大量的錫礦蘊藏，當地通常將錫混合少量的銻等其他金屬，製成稱為錫鑞或稱白鑞的合金原料，再製作成工藝品或高級食器外銷世界各國，同時也是馬來西亞的招牌伴手禮。

玩偶的愛情故事

安徒生童話中著名的《小錫兵》中的玩具主角，正是將錫合金注入模型鑄造而成的玩具。也就是所謂的玩偶。蒐集許多小錫兵，編排陣仗，排列成著名的會戰場景等玩法，可以說是那個時代小男孩的人氣遊戲。

【常溫狀態】固體　【原子量】118.710
【熔點】231.9681°C　【沸點】2270°C
【密度】5.80 g/cm^3
【發現】不詳
【語源】化學符號 Sn 是源自拉丁文 Stannum，意思是錫。

銻是人類從數千年以前就認識的古代元素。古代主要用在顏料或是化妝品等方面，例如埃及豔后的眼影彩妝就是。現代，銻除了做為電池的電極或半導體的原料以外，纖維製品、紙或塑膠等產品也會添加銻做為阻燃劑。除此之外，添加鉛等其他金屬製成銻鉛合金，就是置物箱等工藝品或迷你模型車的製作原料。

日本鹿兒島發現大量寶礦

二〇一一年五月，日本岡山大學等研究團體發表報告，指出在鹿兒島灣的海底發現錫礦床，礦藏量相當於一百八十年份的日本國內銷售量。但是開採海底錫礦勢必汙染海洋，因此未來假如真的要進行開採，就必須開發新的開採技術才行。

【常溫狀態】固體　【原子量】121.75
【熔點】630.74°C　【沸點】1750°C
【密度】6.691 g/cm^3
【發現】不詳
【語源】眾說紛紜。其中一說為結合希臘文「討厭」(anti)與「孤獨」(monos)而來。化學符號擷取原礦石的拉丁文 stibium 而來。

Te

52號房的阿碲
略帶危險性的蒜臭味金屬

房客資料卡

原子序 52 Te

碲，音同：帝

珍貴指數

親密關係

危險程度

雖然碲具備金屬應有的特性，但是又因為不容易導電等特性而不完全像金屬，因此歸為類金屬的微妙元素。碲是煉銅衍生的副產物。應用在光碟片製作，或是混合其他金屬以增加產品的強度及抗鏽蝕性能。雖然重要，但因用途侷限，所以不需要擔心礦藏量不敷使用。具有毒性，誤食進入體內會使呼吸散發類似蒜臭的臭氣。

珍貴的天然礦物資產

日本也擁有微量的碲礦藏。日本著名手稻石正是美麗的青色碲銅礦石結晶；呈現黃綠色澤的是立方碲銅礦石。日本除了北海道札幌市曾發展碲礦開採以外，靜岡縣下田市與和歌山縣岩出市也有發現成分含碲的礦物。

【常溫狀態】固體　【原子量】127.60

【熔點】449.5°C　【沸點】989.8°C

【密度】6.236 g/cm^3

【發現】1782 年，奧地利礦物學家繆勒（Franz-Joseph Müller von Reichenstein）

【語源】拉丁文 tellus，意思是大地、地球。因為礦石取自大地。

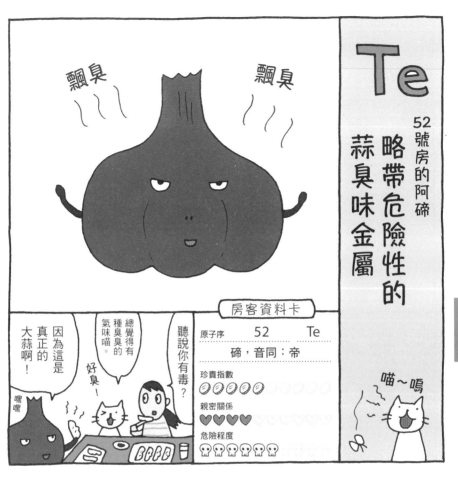

I
53號房的小碘
大海的恩賜
禁不住微笑的好滋味
世界上也有很多人沒吃過海藻喔。
昆布、裙帶菜，都是日常的幸福滋味呢！
大海恩賜的好滋味喵！
房客資料卡
原子序 53 I
碘，音同：典
珍貴指數
親密關係
危險程度

碘是人類維生不可或缺的重要營養素，是人體製造內分泌素「甲狀腺激素」的必要元素。位於喉嚨部位的甲狀腺，是人體用來貯存碘的器官。遭遇核能事故必須服用碘劑的原理，是先讓體內充滿碘元素，以預防具有放射性的碘元素被人體吸收。海產多含碘，因此只要飲食正常，一般不會發生缺碘的問題。另一方面，碘攝取過量也可能損害健康。

日本千葉縣是世界知名的碘產地

過去，日本人會把海藻燒成灰做為碘的來源原料。現在，碘是開採石油或天然氣的副產物，可以由海水或地下水取得。日本是僅次於智利的世界第二大碘出產國，絕大部分的碘都蘊藏在千葉縣的地下水中，與天然氣共眠。

【常溫狀態】固體　【原子量】126.9045
【熔點】113.5°C　【沸點】184.35°C
【密度】4.93 g/cm^3
【發現】1811 年，法國化學家庫圖瓦（Barnard Courtois）
【語源】希臘文 iodos，意思是藍紫色。也是碘結晶的顏色。

Xe
54號房的小氙
色澤自然的照明

有些車就是用氙氣頭燈喔！
而且不需要燈絲喔！
很接近自然光耶！
你環保喵。
房客資料卡
原子序 54 Xe
氙，音同：仙
珍貴指數
親密關係
危險程度

氙是氣體之一，與氦氣和氬氣屬性相同。由於氙可以與氟或氧結合，比起其他的同類——惰性氣體，算是性質比較活潑的氣體。主要活躍於燈泡領域。像螢光燈那樣利用放電發光的HID氙氣頭燈，就是亮度高，又能節省能源的長壽頭燈。散發接近太陽光的金色光芒的氙氣，除了應用於電視台或電影產業，也用做電車或汽車的頭燈。

把氙離子化，航行宇宙

二〇一〇年六月返航地球的日本小行星偵察機「隼」，就是搭載離子引擎，利用帶電的氙離子推進做為動力。雖然氙離子的推進力微弱，不能用來發射偵察機，但是能源效率極佳。大約六十公斤的氙離子燃料，節省地用足以供應七年使用。

【常溫狀態】氣體　【原子量】131.293
【熔點】-111.9°C　【沸點】-108°C
【密度】0.005887 g/cm^3
【發現】1898 年，蘇格蘭化學家藍塞、英國化學家特拉維斯
【語源】希臘文 xenos，意思是局外人。

5 週期
18 族
氙
Xenon

銫是核爆實驗或核電廠事故後四處飄散的知名放射性物質。銫也有不具放射性的形態，也有金屬形態。但是在空氣中，銫非常容易發生反應而自燃，如果與水接觸更有爆炸危險。不過，銫也有規矩的一面，在接受電磁波時會產生規率的變化，因此可用來製作原子鐘。由於報時相當精確，國際單位定義的「一秒」就是採用原子鐘的時間。

化學家與物理學家攜手合作發現銫

物體接受加熱以後會發光，光通過稜鏡散開的模式可以視為每種元素的特徵。在物理學家克希荷夫的建議下，學界利用分光法，首次由溫泉水中發現了銫素。銫的另一位發現者化學家本生，正是理科研究室中常用的氣體燃燒器「本生燈」的發明者。

【常溫狀態】固體　【原子量】132.9054
【熔點】28.4°C　【沸點】678.4°C
【密度】1.873 g/cm^3
【發現】1860 年，德國化學家本生、物理學家克希荷夫
【語源】拉丁文 caesius，意思是灰藍色。這是根據發現時的發光特徵來命名。

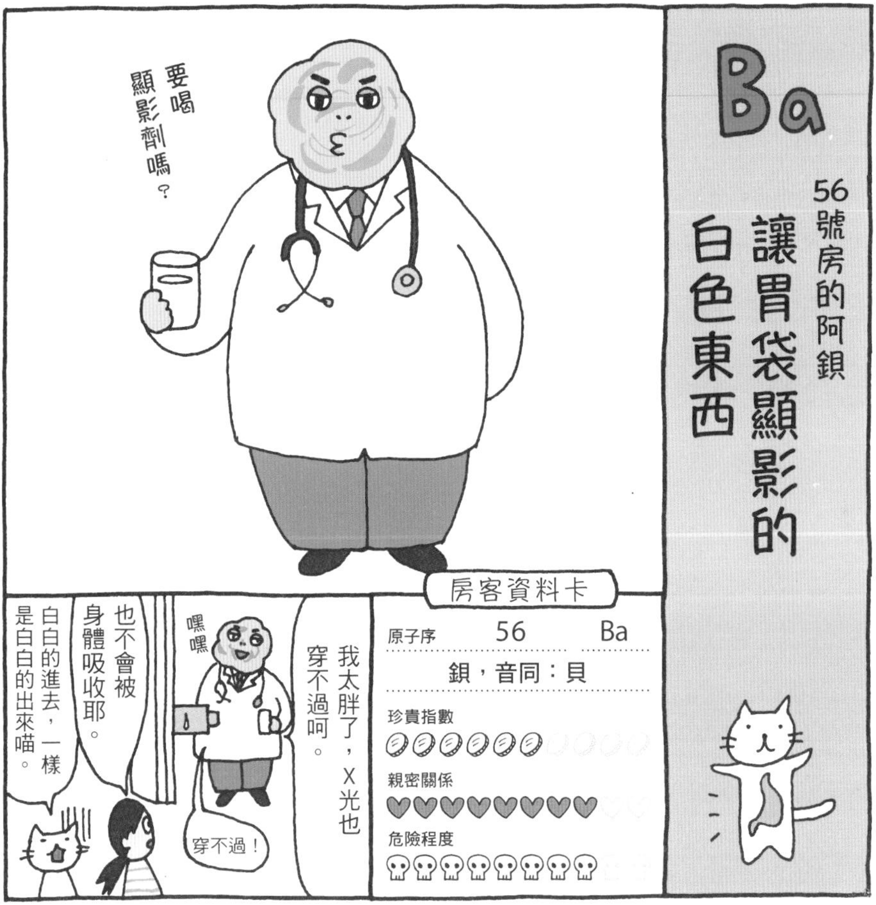

鋇是塊頭又大又重的重量級元素。燃燒時會發出綠光，可做為煙火的發色劑。健康檢查中的胃部檢查要喝下的白色液體，就是由鋇與硫磺、氧與水等成分混合製成。鋇具有X光也難穿透的特性，因此可使X光片中的胃部呈現白色形狀。照胃部X光時所喝的顯影劑不溶於胃酸，不溶於水，也不會被身體吸收。但是，鋇其他會溶於水的同位素，則是劇毒等級的毒物。

昔日綠洲的存在證據

含鋇的礦物「重晶石」，形狀有如盛開的玫瑰花，因此有「沙漠玫瑰」之稱。總是在沙漠中央現身，不過那猶如盛開花朵般的美麗結晶，卻是無水就無法孕育。因此沙漠玫瑰也可說是，過去該地曾經享有豐沛水源的證據。

【常溫狀態】固體　【原子量】137.327

【熔點】725°C　【沸點】1640°C

【密度】3.5 g/cm^3

【發現】1808 年，瑞典化學家舍勒

【語源】希臘文 barys，意思是重的。因為鋇密度極大，比重極重。

元素社區裡有另一棟獨立公寓，稱為鑭系元素公寓，有十五個元素住在裡面，而鑭就住在其中的第一間。在玻璃材料中摻入鑭可以提高玻璃的折射率，因此應用於相機、望遠鏡的鏡片製作。另外，由於鑭可以貯存氫，也可以把氫放出去，所以也應用於燃料電池，目前已經受到太空船所採用，今後發展備受期待。

從一種礦石發現多種元素

十九世紀初，化學家在瑞典出土的礦石中發現了二氧化鈰。隨後又發現，該礦石還蘊藏了鑭。在隨後的一百年之間，經過更進一步的研究以後，發現這種礦石竟然蘊藏了七種元素。

【常溫狀態】固體　【原子量】138.9055
【熔點】921°C　【沸點】3500°C
【密度】6.145 g/cm^3
【發現】1839 年，瑞典化學家莫桑德(Carl Gustaf Mosander)
【語源】希臘文 anthanein，意思是隱藏的。因為當初一直沒辦法順利發現鑭。

Ce
58號房的鈰仔
不只是打火石
房客資料卡
原子序 58 Ce
鈰，音同：市
珍貴指數
親密關係
危險程度
啵
你在做什麼呢？
我在磨實驗用的鏡片。
咻
咻
磨過頭就磨光了喵。

鈰是用於鏡片研磨或打火石的庶民派元素。特性是容易引燃，只要用銼刀搓磨，或用尖銳的物品刮過，就能輕易著火。鈰混合其他數種金屬製成的合金稱為密鈰合金（或稱稀土金屬合金），由於價格便宜，專門用在打火石等產品。除此之外，鈰對淨化汽車廢氣也有卓越的功效，可說是實力派。

鈰與小行星同名，源自女神

鈰的命名由當時的當紅話題──小行星穀神星而來。穀神星目前已經升格為準行星，將體積第一大的小行星的位置讓給鈀。鈀的命名依據：智神星之名。出自羅馬神話的希瑞斯，是大地之母，成就大地的女神。

【常溫狀態】固體　【原子量】140.116

【熔點】799°C　【沸點】3400°C

【密度】6.657 g/cm^3

【發現】1803 年，瑞典化學家貝采利烏斯、礦物學家希辛格爾（Wilhelm Hisinger）、德國化學家克拉普洛斯

【語源】1801 年首次被人類發現的小行星，穀神星（Ceres）。

鐠是特殊磁鐵的原料。一般磁鐵的製作工程必須先把合金磨成粉末，再冶煉成固著形態。如果利用鐠釹合金做為磁鐵原料，就不需要這道手續。鐠不但堅固，而且容易實施彎曲或鑽孔加工。可惜它的性能雖好，價格卻高，因此不為一般產品所採用。另外，原料摻用鐠的玻璃具有遮蔽部分光線的性能，可以用來製作濾鏡。

鐠黃色

鐠黃是含有鐠的黃色粉末，可以製成顏料。顏色不濃烈，適合做底色，通常做為陶瓷的釉藥，很少直接做塗料用。與其他原料混合，可以調配出黃色、綠色、橘色等其他顏色。

【常溫狀態】固體　【原子量】104.9077
【熔點】931°C　【沸點】3000°C
【密度】6.773 g/cm^3
【發現】1885 年，奧地利化學家威爾斯巴赫（Carl Auer von Welsbach）
【語源】結合希臘文的綠韭菜（prason）與雙胞胎（didymos）。與釹同時被發現，又因為發現鐠當時的顏色為綠色。

Nd
60號房的阿釹
小朋友喜愛的超強力磁鐵

房客資料卡

原子序 60 Nd

釹，音同：女

珍貴指數 ●●●●

親密關係 ♥♥♥♥♥♥♥♥

危險程度 ☠☠☠

釹的應用範圍包括雷射或特殊色玻璃製作。最主要用途為強力永久磁鐵的原料，因此在兒童圈中享有高知名度。在理化實驗等領域尚屬試身手階段。釹鐵硼磁鐵（簡稱釹磁鐵）可應用在斷層掃描用途的核磁共振成像儀、交通工具的馬達、手機的震動功能、縮短硬碟的存取時間、縮小高性能揚聲器或耳機的體積等，活躍於各種領域。

日本是釹磁鐵的誕生地

最強力的永久磁鐵「釹鐵硼」是在一九八四年，由當時任職於日本住友特殊金屬公司的佐川真人先生所發明。以釹、鐵、硼等做為原料。缺點是容易生鏽而損壞。光澤閃耀並非它的原始外貌，而是因為電鍍（鍍鎳等）。

【常溫狀態】固體　【原子量】144.24

【熔點】1020°C　【沸點】3100°C

【密度】7.007 g/cm^3

【發現】1885 年，奧地利化學家威爾斯巴赫

【語源】希臘文的「新」(neo)與「雙胞胎」(didymos)，因為與鐠同時被發現而得名。

鉅是現代新興的人造放射性元素，幾乎不存在於自然界中。鉅是從核能反應爐的產物中發現的元素，主要用途是製作核能電池，將放射能轉換為電能，應用在光線無法到達的宇宙空間。過去一度用於日常生活用品，封入日光燈的輝光放電管內做為螢光材料，或是漆在鐘錶數字盤上做為夜光塗料。目前基於安全考量鉅已經不再用於日用商品。

為人類永遠承受苦難折磨

鉅的名稱源於希臘神話的普羅米修斯。普羅米修斯因為偷火種給人類使用而得罪宙斯，被宙斯綁在岩壁上遭禿鷹啄食肝臟，每天入夜後，肝臟都會重新長回，無法死去，必須永遠承受苦痛折磨。

【常溫狀態】固體　【原子量】145
【熔點】1170°C　【沸點】2460°C
【密度】7.22 g/cm^3
【發現】1947 年，美國化學家馬林斯基(Jacob A. Marinsky)、格倫丹寧(Lawrence E. Glendenin)、科里爾(Charles D. Coryell)
【語源】希臘神話神祇普羅米修斯(Prometheus)。

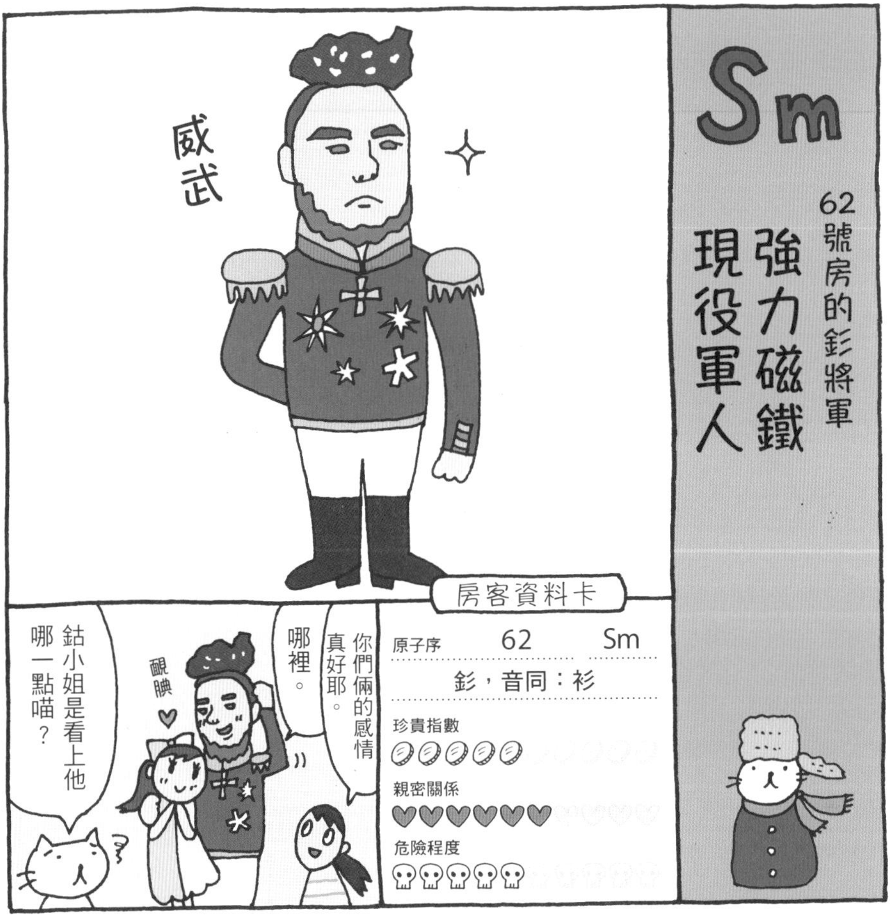
Sm
62號房的釤將軍
強力磁鐵
現役軍人
威武
房客資料卡
原子序 62 Sm
釤，音同：衫
珍貴指數
親密關係
危險程度
你們倆的感情真好耶。
哪裡。
靦腆
鈷小姐是看上他哪一點喵？

釤是質地柔軟的金屬，因此很少直接應用。與鈷混合製作成「釤鈷磁鐵」後一夕成名，應用廣泛。雖然釤鈷磁鐵已經被釹鐵硼磁鐵擠下第一永久磁鐵的寶座，但是與釹鐵硼磁鐵相比，卻擁有不易生鏽，在高溫環境下磁力也不衰退的特性，因此依然深受業界喜愛。主要應用於小型馬達、揚聲器等音響產品、醫療機器等產業。

俄羅斯礦業工程師發現含釤礦石

釤的英文名稱源自含釤的鈮釔礦，十九世紀俄羅斯礦業工程師勃霍別茲（Vasili Samarsky-Bykhovets）上校發現鈮釔礦，並以自己的姓氏為此礦命名。所以釤的原文名稱其實是源自人名。

【常溫狀態】固體　【原子量】150.36
【熔點】1080°C　【沸點】1790°C
【密度】7.520 g/cm^3
【發現】1879 年，法國化學家布瓦柏德朗
【語源】含釤的鈮釔礦（Samar-skite）。

由瑞典等地礦山挖掘出土的氟碳鈰鑭礦（Bastnaesite）中，提煉出來的金屬元素銪。例如傳統映像管電視中的鮮紅色彩，就是來自含銪的螢光材料，使映像管電視的顯色能力大為提升，大大拉抬了舊式映像管電視的銷售業績。除此之外，使食品的色澤更貼近自然原色，以及三波長螢光燈的問世等，也都歸功於銪的應用。

映像管電視的終曲

一九六八年，日立高輝度彩色電視問世，以色彩明亮鮮豔做為主要賣點。輝度是指「明亮程度」，而日文輝度的發音碰巧與「稀土」相同，因此日立決定將新產品命名為「高輝度彩色電視」。二〇〇九年，日立電視宣布停產映像管電視。

【常溫狀態】固體　【原子量】151.964
【熔點】822°C　【沸點】1600°C
【密度】5.243 g/cm^3
【發現】1901 年，法國化學家德馬塞（Eugène-Anatole Demarçay）
【語源】歐洲（Europe）。

Gd

64號房的小釓

逐漸銷聲匿跡的MD

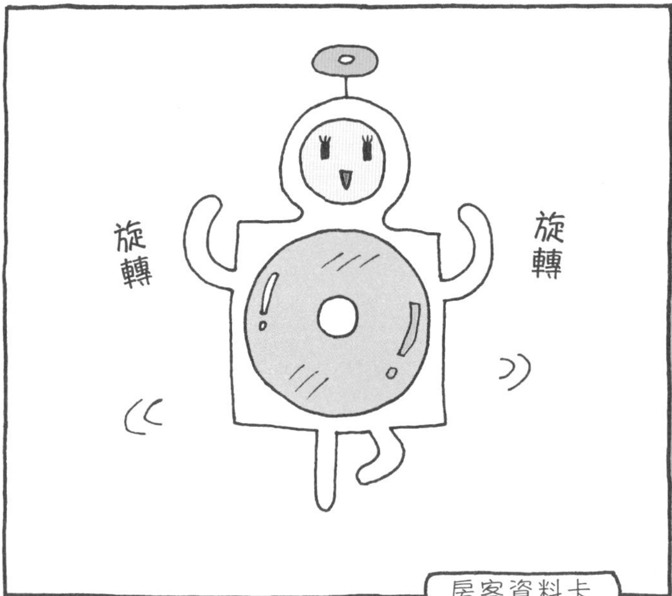
旋轉
旋轉

房客資料卡

原子序	64 Gd
釓，音同：嘎	
珍貴指數	5
親密關係	4
危險程度	6

聽說現在已經不流行轉圈圈了……
應該還有其他工作可以找。
一開始直接取名叫MO就好喵。

在音樂界，CD還是目前的當紅炸子雞。過去，市面上曾經出現稱為MD（迷你光碟）的媒體，與CD同樣屬於迴轉式光碟片，可惜只是曇花一現。MD中的含釓金屬層是負責傳遞訊號的重要結構，也應用在電腦的儲存裝置MO（磁光碟）中。MD或MO都是比CD小型的光碟片，附帶塑膠外殼，使用便利，可惜今日已經一同淪落為舊時代敗將。

磁碟的命運

MD是SONY在一九九二年發表的數位音樂光碟，屬於資料儲存媒體，今日已被i-pod等主流媒體取代。MO的耐久性能優於硬碟，可惜如今也遭隨身碟取代。

【常溫狀態】固體　【原子量】157.25
【熔點】1310°C　【沸點】3300°C
【密度】7.9004 g/cm^3
【發現】1880年，瑞士化學家馬里尼亞克（Jean de Marignac）
【語源】為芬蘭化學奠定根基的化學兼礦物學家加多林（Johan Gadolin）。

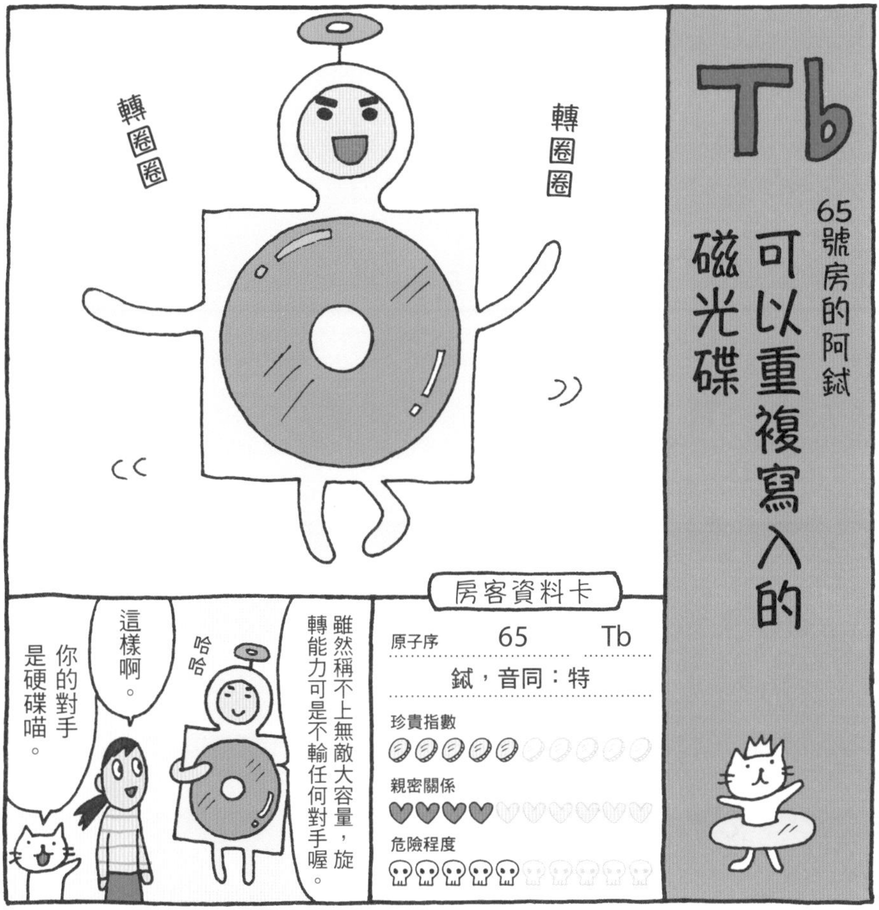
Tb
65號房的阿鋱
可以重複寫入的磁光碟
轉圈圈
轉圈圈
房客資料卡
原子序 65 Tb
鋱，音同：特
珍貴指數
親密關係
危險程度
雖然稱不上無敵大容量，旋轉能力可是不輸任何對手喔。
哈哈
這樣啊。
你的對手是硬碟喵。

鋱應用於MO或MD。與釓一樣記錄時必須利用旋轉形式，專門應用在資料紀錄領域。鋱雖然也可以應用於磁鐵製作，可惜暴露在比較低溫的環境中，會喪失磁性。但也正因為如此，人類可以利用雷射加熱方式消磁，以消除曾經寫入的資料，然後再次寫入新資料——這就是MO與MD允許資料重複寫入的原理。

質樸卻能擔當重任

為了提高 X 光攝影底片的感光度，底片必須採用接觸 X 射線之後能隨即發光的物質，而鋱正是這種發光物質的原料成分。底片的感光度提高，接受 X 光攝影檢查的時間便可縮短，這意味著受檢者可減少輻射暴露量，而這正是鋱應用於 X 光底片的最大意義。

【常溫狀態】固體　【原子量】158.9254
【熔點】1360°C　【沸點】3100°C
【密度】8.229 g/cm^3
【發現】1843 年，瑞典化學家莫桑德
【語源】瑞典的礦村伊特比（Ytterby），因為七種化學元素的礦石開採自該地而揚名世界。鋱是以伊特比做為命名依據的四種化學元素之一。

Dy

66號房的小鏑 漆黑中的安心夥伴

元素取得過程困難，以至於成為鏑命名的依據。具有阻斷放射線的效用，多與鉛合製成核能反應爐的屏蔽體或控制材料。此外，由於具有蓄光特性，也可以代替因為具有放射性而不便使用的鐳，是種安全的蓄光性塗料。現在，鏑應該就在某個漆黑的角落發散黃綠色的光芒吧。

黑暗中的發光標示或號誌

鏑主要應用在以鋁等做為主要成分的夜光體、螢光體。與塗料混合，塗於鐘錶的數字盤上，或是摻入塑膠原料中，用來製作緊急逃生標示或是門板鑰匙孔周圍的零件，是大家經常接觸得到的元素。

【常溫狀態】固體　【原子量】162.50
【熔點】1410°C　【沸點】2560°C
【密度】8.550 g/cm^3
【發現】1886 年，法國化學家布瓦柏德朗
【語源】希臘文 dysprositos，意思是難以取得。

Ho
67號房的鈥醫生
利用強力雷射治療病患
哇哈哈
嗶嗶嗶
爆裂
嗶嗶嗶嗶
房客資料卡
原子序 67 Ho
鈥，音同：火
珍貴指數
親密關係
危險程度
你看我還可以這樣！
嗶嗶嗶
好厲害！
柑橘類水果用手剝一剝就行了喵。

鈥是能夠提升雷射光性能的可靠元素，尤其是醫療用雷射手術技術，將鈥的威力發揮到淋漓盡致。雷射手術可以在切開患部的同時發揮止血效果，這是雷射手術的最大優點，也是不同於一般電灼手術之處。除此之外，雷射產生的熱能較小，對身體形成的負面影響較少，可以幫助病患縮短住院時間。在利用內視鏡執行的攝護腺肥大手術格外活躍。

男人宿命：攝護腺肥大

攝護腺大約位於男性膀胱的正下方，女性沒有這種器官。攝護腺肥大會壓迫尿道，引發頻尿或排尿障礙，稱為攝護腺肥大症。與其稱之為疾病，不如視為一種老化症狀。雖然無法自然痊癒，但是可以藉由雷射手術切除患部，有效改善症狀。

【常溫狀態】固體　【原子量】164.9304
【熔點】1470°C　【沸點】2690°C
【密度】8.795 g/cm^3
【發現】1879 年，瑞典化學家克利夫（P.T.Cleve）
【語源】瑞典首都斯德哥爾摩的古老拉丁文名 Holmia。

Er

68號房的鉺醫生
擅長牙科雷射治療

房客資料卡

原子序　68　Er

鉺，音同：耳

珍貴指數

親密關係

危險程度

鉺可應用在牙科等領域的雷射治療，例如「鉺—雅鉻雷射」(Er-YAG Laser)是用雷射光束通過玻璃纖維後照射齲齒，以達到齲齒治療效果。不必使用鑽頭，只要讓牙齒接受雷射光照射，使雷射光與水發生反應，便可使齲壞的齒質揮發，而達到磨除齲壞部位的效果。不會產生噪音或震動，疼痛感較低，因此可以幫助病患以較輕鬆的心情接受治療。在切開牙齦手術、去除牙結石、治療因發燒引起的口內炎等方面的發展備受期待。

鉺—雅鉻雷射

在先前介紹 39 號房的釔時，就曾提過應用鉺的雷射手術，就是在雅鉻中摻鉺的鉺—雅鉻雷射。其特色是在含水環境下非常容易反應。除了牙科之外，美容整形外科也常應用它去除胎記或痣。

【常溫狀態】固體　【原子量】167.259
【熔點】1530°C　【沸點】2860°C
【密度】9.066 g/cm^3
【發現】1843 年，瑞典化學家莫桑德
【語源】瑞典礦村伊特比(Ytterby)。鉺是以伊特比做為命名依據的四種化學元素之一。

銩用在長距離通訊用光纖材料。光纖通訊也有距離一旦拉長，訊號減弱的缺點。過去，電訊機構會在中繼站將光訊號還原為電訊號，然後利用放大器放大電訊號，然後將電訊號再次轉換為光訊號。神奇的是，含銩光纖可以不必藉由放大器，直接強化通過光纖的光訊號，為銩贏得「光纖放大器」（optical amplifier）的美譽。

光纖放大器的種類

既然光纖本身兼具放大光訊號的光纖放大器，就不需要特別增設其他裝置，這對降低光纖系統的整體成本極有貢獻。摻鉺光纖也擁有放大光訊號的特性，但是放大光波的波長並不相同。這恰巧允許光纖藉由同時摻用銩與鉺的方式大幅提升資訊傳輸量。

【常溫狀態】固體　【原子量】168.9342
【熔點】1550°C　【沸點】1950°C
【密度】9.321 g/cm3
【發現】1879 年，瑞典化學家克利夫
【語源】眾說紛紜。源自斯堪地那維亞的舊地名 Thule 是最具公信力的版本。

鐿是銀灰色澤，容易生鏽的金屬，應用於超傳導材料，或是玻璃著色用的黃綠色料。最受矚目的應用領域是工業用雷射，諸如塑膠、陶瓷、金屬表面加工、切斷、開孔、焊接等精密加工領域。由於透過摻鐿的玻璃纖維照射，因此稱為光纖雷射（Fiber Laser）。活躍於醫療領域、電子、航太等領域。

多種化學元素的故鄉:伊特比

「伊特比村」是四種化學元素的名稱的語源，座落於瑞典首都斯德哥爾摩的東北方，距離約二十公里處的傑索亞勒（Resarö）島上。該島與大陸之間由渡海大橋銜接，並有巴士聯絡往返。公車站前的一間雜貨店是唯一的商店，是個寧靜的小村莊。

【常溫狀態】固體　【原子量】173.054
【熔點】819°C　【沸點】1194°C
【密度】6.965 g/cm^3
【發現】1878 年，瑞士化學家馬里納克（J. C. G. Marignac）
【語源】最後一個以伊特比做為命名依據的元素。

鎦的價格高達黃金的三倍以上，堪稱元素中的富豪。開採費工費時是鎦價格不菲的原因。一般認為地殼中的鎦含量遠高於金或銀。閃耀銀色光澤，外觀如同平凡的金屬。部分的鎦擁有放射性，可應用於癌症的放射性療法，也可以利用它的衰變情形推測古代岩石或隕石的年代。

經過一百年，終於全員集合

鎦是最後一個被發現的鑭系元素，命名過程稍有爭議，最後採用於爾班以「盧泰西亞」為鎦命名，而非威爾斯巴赫的「仙后座」(Cassiopeium)。從最初的鈰開始，科學家們經過大約一百年的漫長努力，終於找到所有的鑭系元素。

【常溫狀態】固體　【原子量】174.9668
【熔點】1660°C　【沸點】3400°C
【密度】9.840 g/cm^3
【發現】1907年，法國化學家爾貝因(Georges Urbain)、奧地利化學家威爾斯巴赫
【語源】巴黎的古拉丁文名盧泰西亞(Lutetia)。

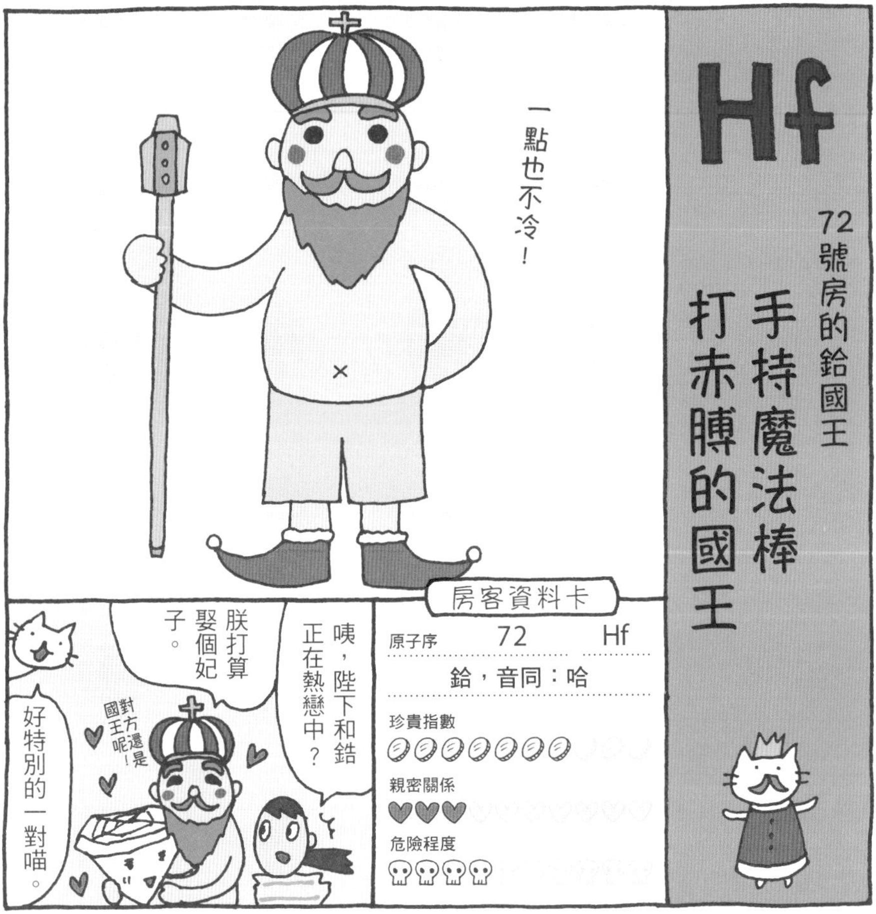

鉿最主要應用於核能反應爐的控制棒。在核能發電廠中，中子撞擊核能反應爐的燃料鈾棒引發核分裂反應，再利用反應所產生的巨大能量發電。不過這種核分裂反應一旦開始就很難中止。由於鉿具有可以吸收中子的特性，所以可以做為控制棒插入核反應爐中，吸收在爐內交錯飛馳的中子，減少中子的數量，以達到減弱核分裂反應的目的。

性質相近的鉿與鋯

鉿和原子序 40 的鋯經常相伴出現在礦物鋯石中。兩者的化學性質相近，因此很難分離。所以儘管鉿在地殼中的存量算多，卻一直到二十世紀才分離出單純的鉿。

【常溫狀態】固體　【原子量】178.49
【熔點】2230°C　【沸點】4600°C
【密度】13.31 g/cm^3
【發現】1923 年，荷蘭物理學家科斯特（Dirk Coster）、匈牙利化學家赫畏希（George de Hevesy
【語源】哥本哈根的古拉丁文名 Hafnia。

鉭是對人體無害的金屬，是人工骨骼、人工關節、人工牙根等植入體的原料。也可以製作電容，應用於電子產業。電容是負責攜帶電力、控制電流的電子零件。鉭材質的電容體積小巧，重量輕盈，廣泛受到電腦、行動電話等電子產品愛用，對電子產品朝小型化發展很有助益。

名自一度享受神格待遇的人類

鉭的名稱，源自希臘神話中一度享受與眾神同待遇的人類坦塔羅斯。41 號房的鈮的語源正是坦塔羅斯的女兒尼俄柏。由於鉭與鈮發現自相同礦石，性質也類似，所以沿用相關的希臘神話角色做為命名。

【常溫狀態】固體　　【原子量】180.9479
【熔點】2990°C　　【沸點】5400°C
【密度】16.654 g/cm^3
【發現】1802 年，瑞典化學家埃克貝格（Anders Gustaf Ekeberg）
【語源】希臘神話中的人物坦塔羅斯（Tantalos）。

在化學元素中鎢以熔點最高自豪，是超級耐熱堅固的金屬。可以加工到非常纖細的程度，適合製作白熾燈泡的燈絲。與碳的組合，即碳化鎢合金的質地更加堅硬。應用領域包含電腦、鑽刀，甚至炮彈。也有平易近人的應用領域，例如原子筆的鋼珠。即使白熾燈泡已經逐漸淡出人類的日常生活，但是鎢依然在日常應用領域的舞台活躍。

拓展新應用領域

鎢擁有容易傳導聲音這種良好的音響學特性，因此獲得進入樂器界展示身手的機會。雖然只有部分樂器的零件採用鎢素材，但是應用範圍並不侷限於金屬樂器，其他例如弦樂器也採用鎢絲做為琴弦。鎢絲琴弦不但能發出巨大音量，高音也很銳利。

【常溫狀態】固體　【原子量】183.84
【熔點】3400°C　【沸點】5700°C
【密度】19.3 g/cm^3
【發現】1781 年，瑞典化學家舍勒
【語源】瑞典文 tungsten，意思是重石。化學符號則取自鎢錳鐵礦(wolframite)。

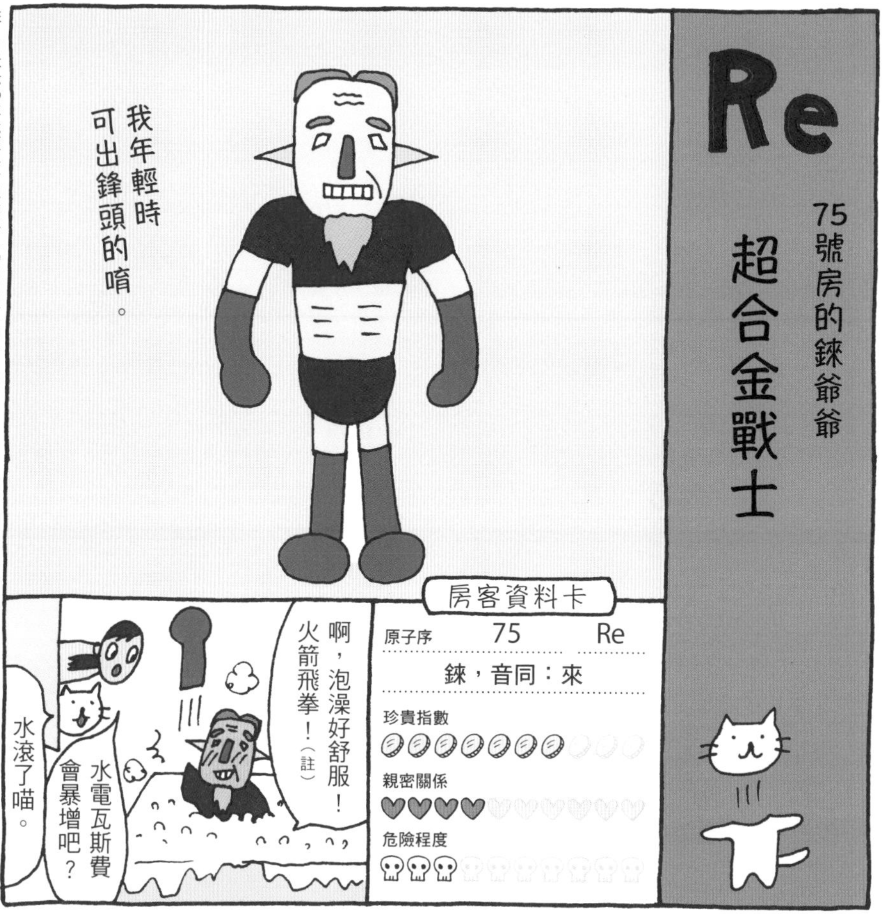

註：日本七〇年代經典卡通機械人「無敵鐵金剛」，絕招是飛拳。

超合金並非假想世界的產物，現實世界確實存在，鎳錸高溫合金就是其中之一。超合金擁有高度耐熱的特性，應用於火箭的引擎或發電廠的渦輪等機械零件。錸是稀有金屬，在日本有少量礦藏，大約二十年以前，俄羅斯科學家曾在日本北方的択捉島上的火山發現錸含量豐富的新礦藏。

失之交臂

一九〇八年，日本化學家小川正孝博士宣布，他發現了原子序 43（即鎝）的新元素，並以日本（Nippon）命名為「Nipponium」，然而，學者研究分析後發現這種元素跟原子序 43 差距很大。在小川博士去世後，才判斷出這種元素其實是錸。如果早點發現，錸或許就不叫做錸了。

【常溫狀態】固體　【原子量】186.207
【熔點】3180°C　【沸點】5700°C
【密度】21.02 g/cm^3
【發現】1925 年，德國化學家瓦爾特．諾達克（Walter Noddack）、伊妲．諾達克（Ida Noddack）、伯格（Otto Berg）等
【語源】發現者故鄉德國的名川萊茵河（Rhein）。

鋨是密度最大、最重量級的化學元素。在單獨、純粹的狀態下（純鋨），幾乎不具毒性。一旦與氧化合，就會產生連恐怖份子都愛用的劇毒，並且散發強烈惡臭，因此惡名昭彰。儘管擁有這麼危險的特性，但是與銥結合形成銥鋨合金後，卻擁有僅次於鑽石的優異硬度，因此又貴為高級鋼筆的頂級筆尖材料。

受收藏家青睞的貴金屬

日本的銥礦分布在北海道中央的夕張市、深川市等地。俯視川底，當地人稱之為白金砂，外表銀光閃耀的砂粒中就蘊藏著銥。不過白金砂這名稱並不實在，因為其中的白金含量微乎其微，倒是鋨、銥等，性質近似白金的其他金屬豐富蘊藏其中。

【常溫狀態】固體　【原子量】190.23
【熔點】3045°C　【沸點】5027°C
【密度】22.57 g/cm^3
【發現】1803 年，英國化學家譚南特（Smithson Tennant）
【語源】希臘文 osme，意思是臭。

Ir
77號房的銥夫人
變身七色彩虹女神
呵呵呵
房客資料卡
原子序 77 Ir
銥，音同：衣
珍貴指數
親密關係
危險程度
難不成你跟隔壁房的是雙胞胎？
76號房的……
拜託別把我跟那種傢伙相提並論好嗎！
真的很像喵。

銥以些微差距榮登第二大塊頭的元素寶座。銥鋨相當有緣，不僅由同一位學者在同一種礦石中發現，兩者的性質也有許多相似之處。以合金形態應用於鋼筆的筆尖、引擎的火星塞。純銥的質地脆硬，不會散發惡臭，不具毒性，而且就連王水也難以將它鎔化。如同元素名稱由來「彩虹女神」一般，會因為化合對象不同而出現多采多姿的色彩變化。

恐龍滅絕是因為隕石？

地球上的銥含量極少，但在六千五百萬年前恐龍滅絕時的地層中含有大量蘊藏。由於自宇宙墜落地球的隕石含有大量的銥，因此成為恐龍滅絕與隕石撞地球有關此一說法的重要佐證。

【常溫狀態】固體　【原子量】192.217
【熔點】2410°C　【沸點】4100°C
【密度】22.42 g/cm^3
【發現】1803 年，英國化學家譚南特
【語源】希臘神話中的彩虹女神伊里斯（Iris）。

實在很像打火機的懷爐

比起黃金，鉑（俗稱白金）的市場價格更高，加上優異的耐腐蝕能力，成為偏好白色金屬光芒的結婚新人愛用的婚戒材質。一般人對於白金的認知偏向展現魅力的珠寶首飾，但是在產業界，白金可做為觸媒等的熱門實力派素材。白金本身可以吸附氫、氧原子，並與其他物質反應，就是所謂的觸媒。白金材質的觸媒可以用在淨化汽車廢氣，以及幫助懷爐油在低溫環境下緩慢燃燒等方面。

單位守護者

一八九〇年，位於法國巴黎近郊的國際度量衡局為了定義「公尺」、「公斤」，製作了國際公尺原器以及千克原器，原器由鉑銥金屬製成，銥占百分之十，以維持硬度，並且不易膨脹。當時日本也獲得一個副原器，並複製了數份，台灣的國立科學工藝博物館現在仍藏有副原器的複製品。

【常溫狀態】固體　【原子量】195.084
【熔點】1770°C　【沸點】3800°C
【密度】21.45 g/cm^3
【發現】1743 年，西班牙天文學家烏略亞（Antonio de Ulloa）
【語源】西班牙文的小銀子（platina）。當初在哥倫比亞發現鉑的時候，一度被喚做西班牙文的小銀子。

阿喵專欄

貴金屬與寶石

奧林匹克運動會獎牌所採用的金屬金、銀、銅，以及其他例如白金等，都是一般人容易聯想到的貴金屬。但是，除了上述金屬以外，鈀、銠、鋨、釕、銥也都屬於貴金屬的範疇。銠的地位尤其高貴，不僅價格變動劇烈，交易價格有時甚至超過白金喵。

在地球上的礦藏量稀少，而且不容易生鏽，這兩點是所有貴金屬的共同特徵。在獎牌材質方面，全美花式溜冰大賽頒發給第四名選手的是錫牌。以此來說，如果連銅都被視為貴金屬的話，那麼錫是不是也應該列入貴金屬之列呢喵？

所謂貴金屬以外的寶物，當然就是寶石囉。數量稀少、價值又高，這樣的東西當然是價格高昂。寶石也包含其他各種物質形成的東西，例如原本屬於生物體的珊瑚、珍珠等，或是最初是以植物性樹脂形態問世的琥珀之類。

第一寶石則非鑽石莫屬。鑽石其實與色澤漆黑的鉛筆芯原料「石墨」一樣，都是由單純的碳組成的。這是多麼不可思議呀喵。

硬度僅次於鑽石的紅寶石與藍寶石，原石都來自名為剛玉的礦石，主要成分是鋁的氧化物（氧化鋁）。如果剛玉中混含少量的鉻，色澤便會呈現粉紅色或紅色，我們稱之為紅寶石；如果混含有鐵和鈦，色澤便會呈現水藍色或天藍色等青藍色彩，統稱為藍寶石。

水晶的成分與玻璃相同，同為矽的氧化物（石英）。只要混含些微雜質，石英的顏色就會發生變化，成為所謂的紫水晶、黃水晶或紅水晶。如果石英中混含鈹鋁化合物，色澤就會轉變成綠色，成為綠柱石（俗稱綠寶石）。要是綠柱石再混含微量的鉻或釩，就會成為祖母綠寶石。這些寶石雖然顏色、價格都不同，但其實大家都是親戚喵。

Au
79號房的金大爺
金光閃閃的可憎面目是富裕之相
太閃亮了嗎？
雖然住這種公寓裡，他說他是國王唷。
年紀輕輕就這麼了不起喵。
元素公寓
房客資料卡
原子序 79 Au
金，音同：今
珍貴指數
親密關係
危險程度

從圖坦卡門的黃金面具，以至各種黃金飾品、黃金御印，從古到今，世界各地普遍以黃金象徵財富與權力。日本也是一樣，例如京都的金閣寺，就因為寺廟建築張貼金箔而吸引各地觀光客到訪。

由於保值效果佳，黃金成為許多民眾持有財產的首選。然而有意思的是，喜歡黃金本身的人竟然意外的少。雖然黃金的價值實屬實力派等級，可惜卻有那麼一點兒藝人的味道。

除了做為飾品，黃金還有其他重要用途，是電器、電子產品或機械不可或缺的原料。黃金延展性佳，加上擁有優異的導電、導熱性能，而且又不容易遭受腐蝕，堪稱為精密零組件的最佳原料。

每每有電腦、行動電話等電子商品的新品上市，就有舊機遭到淘汰棄用。當然，單一廢棄舊機中含有的黃金相當微量，無法跟金礦比擬。但是，假如將所有廢棄的電子舊機收集起來堆成山，稱之為「都市礦山」，一點也不為過！

黃金的純度比例

金戒指或金項鍊等黃金飾品的成分表現經常結合數字，用以表示黃金的含有量。所顯示的數值等於黃金純度除以 24。舉例來說，24K 金的 24，代表 24 分之 24，表示該製品為百分百純金製造。相對的，18K 金的 18 代表 24 分之 18，表示黃金含量為 75%。

【常溫狀態】固體　【原子量】196.9665
【熔點】1064.43°C　【沸點】2800°C
【密度】19.32 g/cm³
【發現】不詳
【語源】Gold 是自古以來就存在的說法。化學符號 Au 源自拉丁文 aurum，意思是太陽光。漢字「金」屬於象形文字，代表埋藏在土裡的砂金。

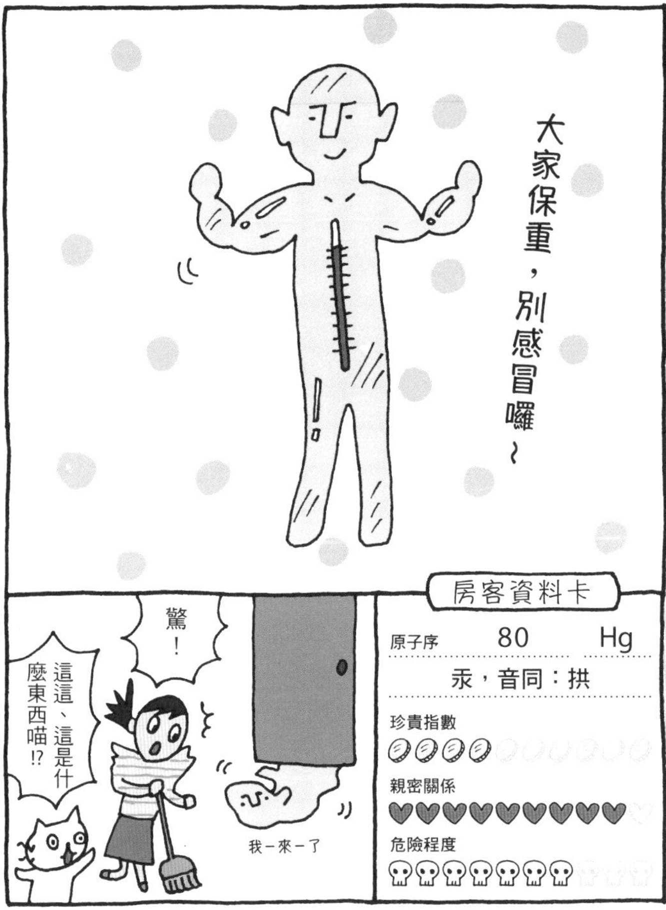
大家保重，別感冒囉～
驚！
這這、這是什麼東西喵!?
我一來一了
房客資料卡
原子序 80 Hg
汞，音同：拱
珍貴指數
親密關係
危險程度

Hg

80號房的汞仔

唯一的液態金屬

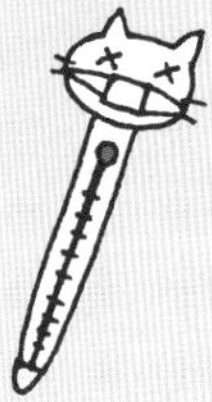

常溫為液體，又稱水銀的汞是金屬中的特異份子。人類自古便開始使用水銀，做為印鑑的印泥或紅色顏料的「朱砂」，就是著名的水銀化合物。

汞應用在人類日常生活的有日光燈、水銀燈，以及白熾燈泡。白熾燈泡已經停止生產，被市場淘汰。螢光燈的發光原理，是電源開通以後，電子從玻璃燈管內部的電極飛出，撞擊燈管內部的水銀蒸汽，而放出紫外線。不過，由於人類的肉眼看不見紫外線，所以玻璃燈管內壁必須漆上螢光物質，吸收紫外線釋放出可見光，如此才能發揮照明效果。水銀燈的發光原理大致與螢光燈相同，只是提高壓力，亮光更強烈而已。

現代基於環保考量，已經逐漸減少日光燈管的水銀用量，目前已經漸少至一支燈管使用5mg水銀的程度。但是水銀終究屬於毒物，儘管用量再少，要丟棄水銀製品的時候還是必須小心，避免外殼破損。

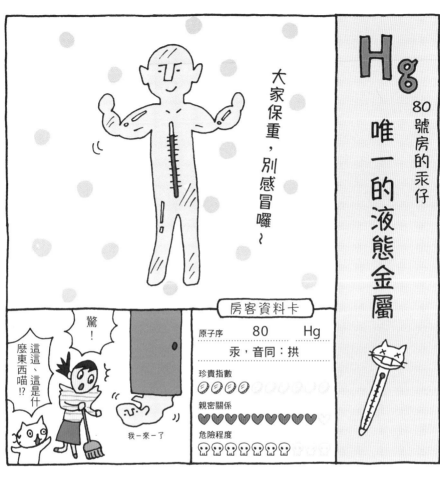

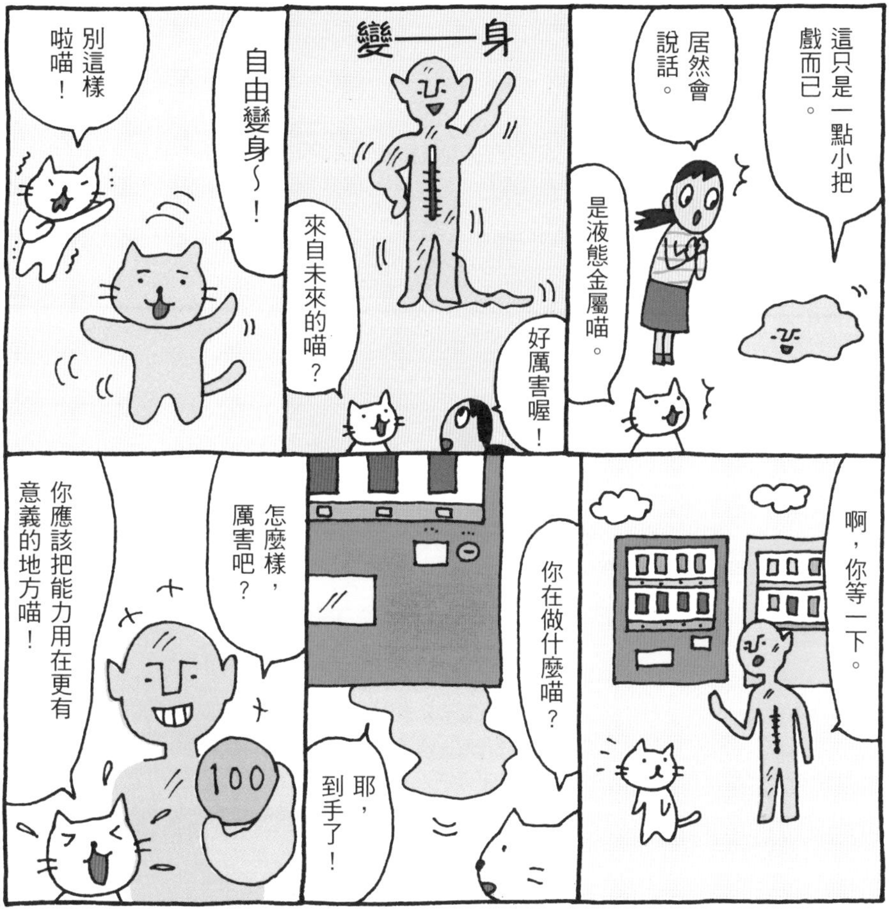

溫度計的歷史

一九五三年，伽利略發明了溫度計的前身。到了一七一四年，華倫海特才發明了第一支水銀溫度計。現今仍然廣為使用的水銀溫度計與溫度計不一樣的地方，在於水銀柱往上升以後會維持在該位置，不會下降。這是相當了不起的當代發明。而這獨到發明的秘密在於，水銀管柱有內縮設計，即使溫度下降，水銀的所在位置也不會隨之下降。

【常溫狀態】液體　【原子量】200.59
【熔點】-38.842°C　【沸點】356.58°C
【密度】13.546 g/cm^3
【發現】不詳
【語源】與水星的一樣，都源自羅馬神話中的墨丘利（Mercurius）。

鉈雖然是金屬，但如果放著不理，便會自行分解。外表看似脆弱，卻是有名的劇毒金屬。過去曾用在驅除老鼠或害蟲方面，甚至淪為犯罪用途，所以目前已遭到禁用。近來則以低放射性鉈，再度活躍於心臟病或癌症檢查領域，積極在醫療領域發展貢獻。微量注射至靜脈中，然後利用儀器檢測血液中的放射線，即可得知患部的血流情形，以此幫助病情診斷。

淪為犯罪用毒藥

鉈曾是阿加莎‧克莉絲蒂所撰寫的推理小說中使用的毒藥。真實社會中的英國殺人魔楊格（Graham Frederick Young），也曾利用鉈做為犯罪工具。鉈金屬中毒除了會引發嘔吐等一般症狀，還會造成掉髮。

【常溫狀態】固體　【原子量】204.383
【熔點】303.5°C　【沸點】1457°C
【密度】11.85 g/cm^3
【發現】1861 年，英國化學家克魯克斯（William Crookes）、法國化學家拉米（Claude-Auguste Lamy）
【語源】希臘文 thallos，意思是綠芽。

人類接觸鉛的歷史淵源非常久遠。早從紀元前開始，人類就懂得用鉛，直到近年才對鉛抱持敬而遠之的態度。不過，由於鉛擁有強大的放射線阻斷能力，人類仍然想要與鉛保持良好關係。過去，鉛是汽油、焊接材料、紅色與黃色顏料等原物料中不可或缺的成分，但是近來這些原物料都已經朝向無鉛化發展。儘管如此，在汽車電池或玻璃生產製造業界，鉛依然是今後不可或缺的重要原料。

現今社會還在用含鉛水管

有此一說，使用含鉛的水管導致眾多民眾中毒，也是羅馬帝國滅亡的重要原因之一。至於日本直到昭和時代，都使用含鉛水管。據說，日本至今仍有部分私人水管沿用含鉛水管。對此，自治單位與水道局已經呼籲民眾更換。（台灣仍有許多老房子還是使用含鉛水管。）

【常溫狀態】固體　【原子量】207.2
【熔點】327.502°C　【沸點】1740°C
【密度】11.35 g/cm^3
【發現】不詳
【語源】化學符號源自拉丁文 plumbum，意思是鉛。

Bi

83號房的鉍阿桑

再活潑親切一點就好了

房客資料卡

原子序 83 Bi

鉍，音同：必

珍貴指數 ●●●○○○○○○○

親密關係 ♥♥♥♥♥♥♡♡♡♡

危險程度 ☠☠☠☠○○○○○○

鉍是人類自古開始使用的金屬，可惜民眾不熟悉鉍的名字。日本也有鉍金屬礦藏，屬於鉛礦的副產物。鉍的外觀或性質和鉛或煤非常類似，據說過去因此一度被視為垃圾。

所幸，鉍對人類不具毒性，成為鉍與鉛的最大差別，並且逐漸崛起成為鉛的替代品。在日本，鉍已經成為胃腸藥的指定原料。各位不妨多關注一下鉍元素吧！

礦物迷眼中的超萌金屬

鉍和鉛一樣，是比重很重，低溫便會熔化的金屬，因為美麗的結晶體而聞名礦學界。熱熔以後再慢慢冷卻，會呈現四角形且呈階梯模樣的幾何狀晶體。結晶表面如同經過拋光研磨處理般光澤閃耀，會因為光線變化而閃耀著彩色光澤。

【常溫狀態】固體　【原子量】208.9804

【熔點】271.3°C　【沸點】1560°C

【密度】9.747 g/cm^3

【發現】不詳

【語源】阿拉伯文 wissmaja，意思是會立刻熔化的金屬。其他還有諸多說法，確切的語源不明。

Po

84號房的小釙

放射性超強 比毒藥更要命

好漂亮的衣服喔！
呵呵，危險唷，不要摸。
拜託妳沒事別出來晃喵。

房客資料卡

原子序　84　Po

釙，音同：破

珍貴指數

親密關係

危險程度

釙是居禮夫婦發現、具有強烈放射性的元素。據說發現時的含量極少，是因為放射性強烈才被發現。居禮夫人活躍於巴黎，事實上，波蘭才是她的祖國，她的父親曾經是大學講師。發現釙的時候，波蘭遭受俄羅斯帝政統治，舉凡知識階級都遭到帝國政府的嚴格監控，為釙命名可以說是抒發對祖國的滿腔思念。

拿健康或性命來換！

近距離觀察研究放射性物質，對早期的學者來說是稀鬆平常的事，因此也有不少學者觀察釙而視力衰退，甚至失明。近年，釙曾被用在暗殺前蘇聯 KGB 特務李維寧科（Alexander Litvinenko）而一時轟動，造成話題。

【常溫狀態】固體　【原子量】209
【熔點】254°C　【沸點】962°C
【密度】9.32 g/cm^3
【發現】1898 年，知名物理學家、化學家居禮夫婦
【語源】居禮夫人的祖國波蘭（Poland）。

與其說是發現，不如說砈是用迴旋加速器創造出來的元素，是性質極不穩定的短命人造元素。雖然砈也存在於自然界，卻是地球上最稀少的元素。半衰期在一分鐘以內，最長約八小時，在這段時間會釋放輻射而變化成其他元素。基於「短時間內可釋放大量輻射」這項特性，醫學界正著手研究如何利用砈所釋出的輻射摧毀癌細胞，治療癌症。

在美西長大的砈

砈誕生於美國加利福尼亞大學柏克萊分校的研究所。與 43 號房的鎝為同校出身，不過當時的迴旋加速器還無法製造出砈，是後來新建的新型迴旋加速器所創造出來的元素。

【常溫狀態】固體　【原子量】210
【熔點】302°C　【沸點】337°C
【密度】-
【發現】1940 年，美國康乃爾大學校長柯森（Dale R. Corson）、核物理學家麥肯西（Kenneth Ross MacKenzie）、義大利物理學家賽格雷
【語源】希臘文 astatos，意思是不安定。

Rn
86號房的氡仔
生活中的放射線
或許有益健康
溫泉！
房客資料卡
原子序 86 Rn
氡，音同：冬
珍貴指數
親密關係
危險程度
可以讓漂亮的人更漂亮喔！
溫泉有益健康！
正所謂「笑裡藏刀」嗎？
是「輻射激效」喵！

氡是一面釋出放射線，一面改變樣貌的元素。無色無臭，質量重，會釋出放射性的氣體，吸入微量就會增加肺部罹癌的風險。事實上，地殼中或空氣中都存在極微量的氡氣，屬於自然存在的放射性物質，再怎麼小心也無法完全避免接觸。但必須留意的是，石造屋、地下室或洞窟之類通風不良的地方，可能積存較高濃度的氡氣。

武田信玄的秘療地：增富溫泉

世人熟知的氡氣溫泉，就是氡氣溶解在溫泉或地下水形成的。日本山梨縣的增富溫泉的氡氣含量堪稱世界第一。微量的放射線反而有益健康，是提倡氡氣溫泉有益健康的論點，也就是所謂的「輻射激效」（Hormesis）理論。

【常溫狀態】氣體　【原子量】222
【熔點】-71°C　【沸點】-61.8°C
【密度】0.00973 g/cm^3
【發現】1900 年，德國弗里物理學家多恩（Friedrich Ernst Dorn）
【語源】鐳（Radium）。因為氡氣最初是從鐳發現的放射性氣體。

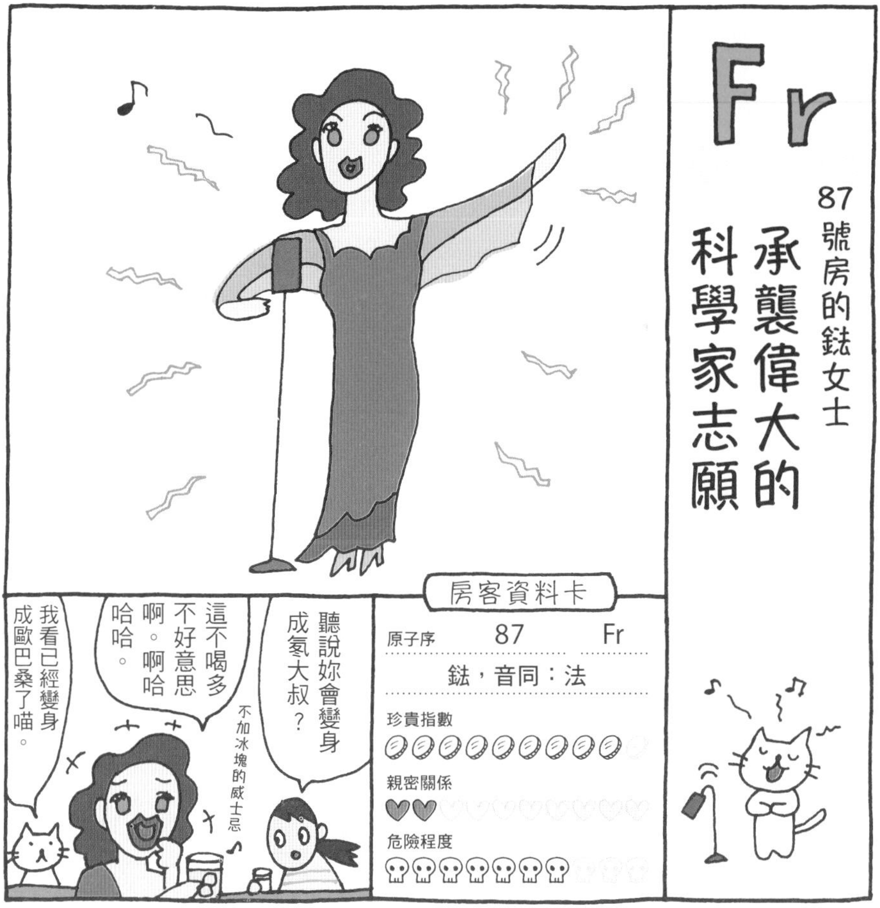
Fr
87號房的鍅女士
承襲偉大的科學家志願
房客資料卡
原子序 87 Fr
鍅，音同：法
珍貴指數
親密關係
危險程度
聽說妳會變身成氡大叔？
不加冰塊的威士忌
這不喝多不好意思啊。啊哈哈哈。
我看已經變身成歐巴桑了喵。

鍅是最後一個在自然界中發現的元素。在地球上的含量稀少程度也僅次於砈，據說全部的鍅加起來也只有三十公克那麼多。具強烈的放射性，會一面釋出放射線，一面轉變成氡。最多只花費約二十二分鐘，就有約半數的鍅轉變成氡。因此學界尚不了解鍅的詳細性質。是繼31號房的鎵之後，第二個以法國命名的元素。

由女性物理學家發現

鍅是由法國巴黎大學居禮研究所的女性學者佩里(一九〇九至一九七五)所發現。佩里自二十歲開始擔任居禮夫人的助手，是優秀的物理學家，居禮夫人的愛將之一。

【常溫狀態】固體　【原子量】223
【熔點】27°C　【沸點】680°C
【密度】1.87 g/cm^3
【發現】1939年，法國物理學家佩里(Marguerite Perey)
【語源】發現者的祖國法國(France)。

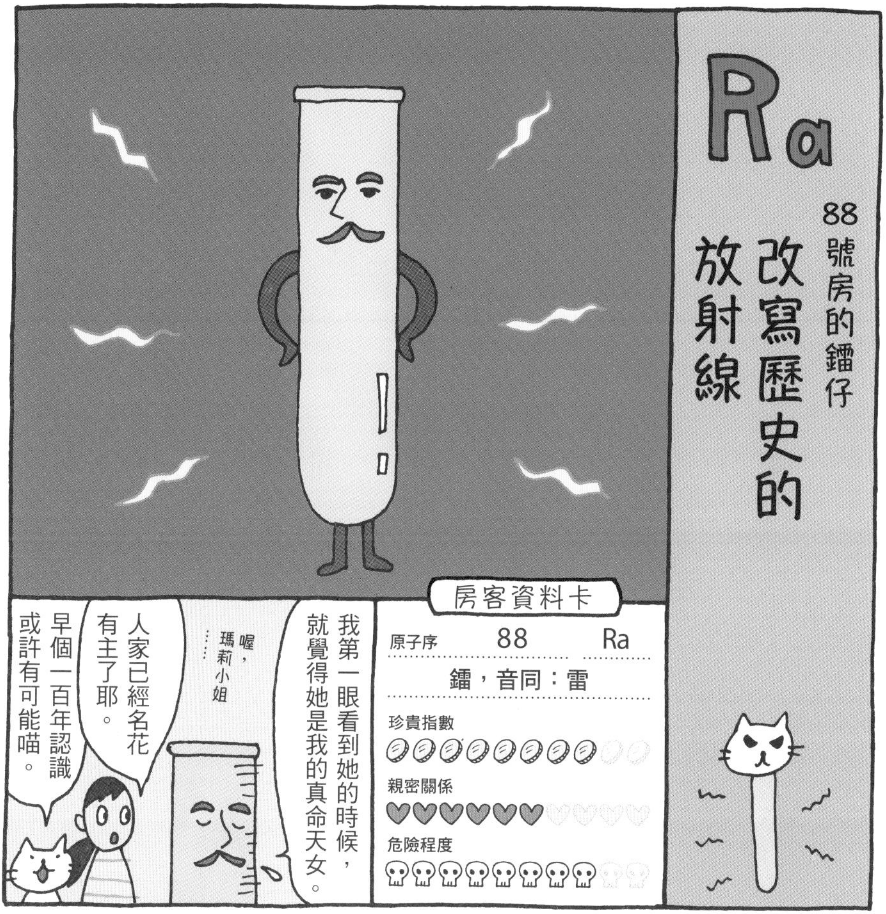
Ra
88號房的鐳仔
改寫歷史的放射線
房客資料卡
原子序 88 Ra
鐳，音同：雷
珍貴指數
親密關係
危險程度
我第一眼看到她的時候，就覺得她是我的真命天女。
喔，瑪莉小姐……
人家已經名花有主了耶。
早個一百年認識或許有可能喵。

＊居禮夫人的名字是瑪莉。

鐳是由居禮夫婦所發現，並且奉獻終生傾力研究的元素。居禮夫婦耗費將近四年的時間傾力研究，所經手的瀝青鈾礦總量累積高達數公噸，最終分析獲得的鐳卻不及一茶匙。據說連接觸過鐳的試管都會在黑暗中散發青綠幽光。鐳早期曾應用於癌症治療，但是由於放射性相當強烈，目前已經不做醫療用途。

世田谷的鐳騷動

二〇一一年秋天，在東京都世田谷區的民家與超市陸續發現鐳。對現代社會而言，在超市發現放射性物質是非同小可的大事。但是大約在五十年前，日本法律對放射性物質還沒有任何規範以前，放射性物質的流通十分常見，就連鐘錶的指針或數字盤也都利用放射性物質做為夜光塗料。

【常溫狀態】固體　【原子量】226.0254
【熔點】700°C　【沸點】1140°C
【密度】5 g/cm^3
【發現】1898 年，居禮夫婦
【語源】拉丁文 radius，意思是放射線。

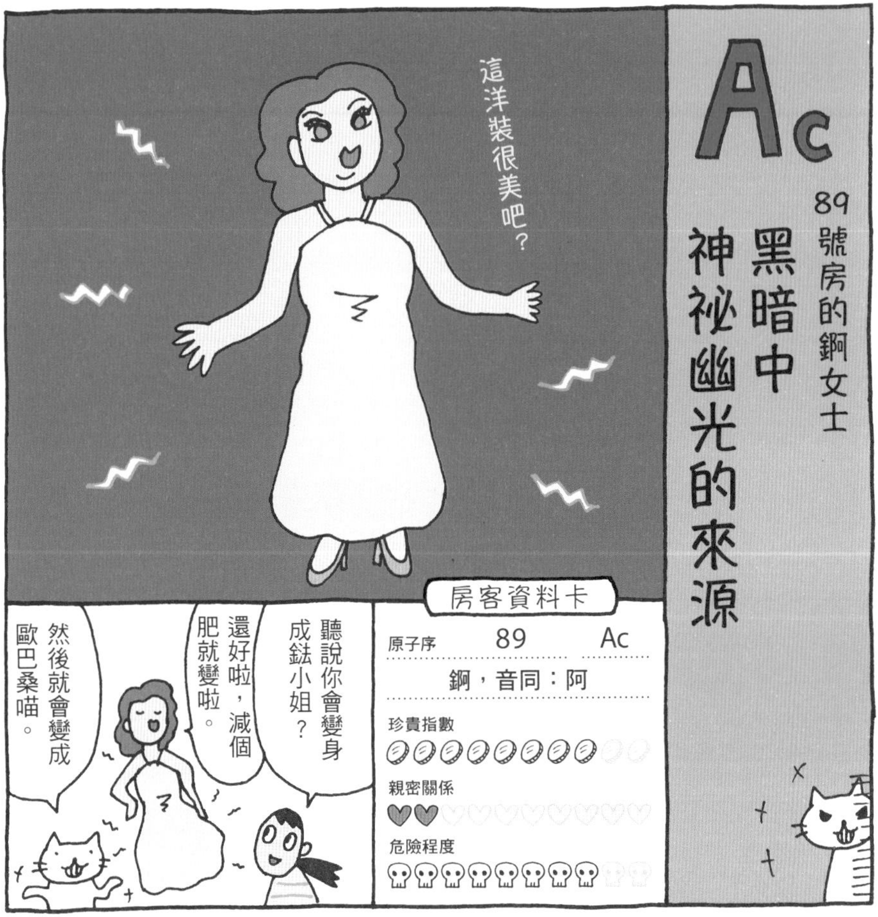
Ac
89號房的錒女士
黑暗中神祕幽光的來源
這洋裝很美吧？
房客資料卡
原子序 89 Ac
錒，音同：阿
珍貴指數
親密關係
危險程度
聽說你會變身成鍅小姐？
還好啦，減個肥就變啦。
然後就會變成歐巴桑喵。

錒

錒是別棟樓的居民，與連同自己在內共十五種元素的錒系元素夥伴，共同居住在鑭系元素的樓下。居禮夫婦從瀝青鈾礦中發現鐳與釙的次年，與居禮夫婦的友人化學家狄比恩等在瀝青鈾礦的殘留物中發現錒。質地柔軟，色澤偏白，在黑暗中會發出青白色光芒，是錒的特色。放射性比鐳更強，會一面釋出放射線，一面變化成其他元素。

發現者是居禮夫婦的晚輩

狄比恩（一八七四至一九四九）生於法國巴黎，年紀輕輕二十五歲就發現了錒。與居禮夫婦共同參與同一項研究時，他與這對夫婦才變成親近的朋友，並在這項研究快要結束時，一舉發現了錒。在皮耶．居禮死後，他與居禮夫人繼續研究之路。

【常溫狀態】固體　【原子量】227.0278
【熔點】1050°C　【沸點】3200°C
【密度】10.07 g/cm^3
【發現】1899 年，法國化學家狄比恩（André-Louis Debierne）
【語源】希臘文 actis，意思是光線。

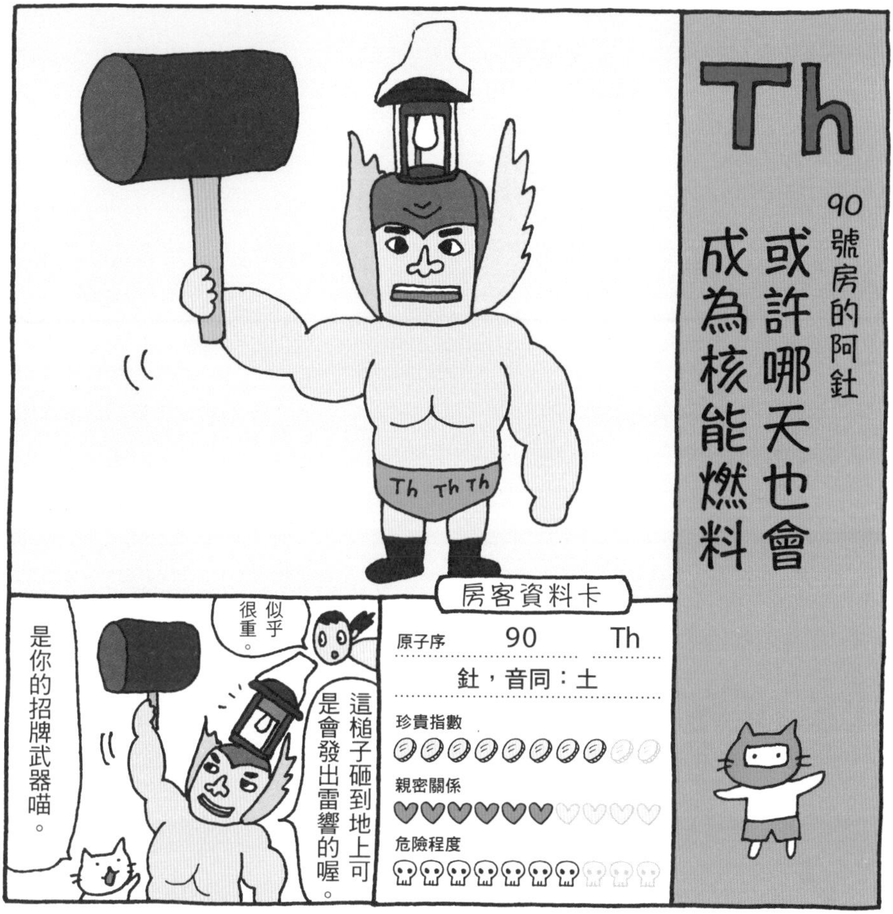
Th
90號房的阿釷
或許哪天也會成為核能燃料
Th Th Th
房客資料卡
原子序 90 Th
釷，音同：土
珍貴指數
親密關係
危險程度
似乎很重。
這槌子砸到地上可是會發出雷響的喔。
是你的招牌武器喵。

釷是由釷石（又名矽酸釷石、鈾釷石）中分離出來的元素，後來由居禮夫人等學者的研究證實釷具有放射性。日常生活應用在戶外活動用汽化爐或瓦斯爐的爐罩，用來把汽油或瓦斯轉變成燃料。微量使用就可以促進光亮程度。由於釷在地球算是含量稍多的元素，而且比鈾取得較易，廢棄物處理費用也較少，因此目前核能發電產業已經著手研究如何用釷做為核能反應爐的燃料。

名稱源自北歐神話中的雷神

釷的英文名稱源自北歐神話中的戰神索爾（Thor）。出版蜘蛛人等漫畫的出版社漫威漫畫（Marvel Comics）也曾出版名為《雷神索爾》的一部漫畫，以北歐戰神為藍本，形塑漫畫中的英雄角色，並改編成電影，二〇一一年上映。

【常溫狀態】固體　【原子量】232.0381
【熔點】1750°C　【沸點】4800°C
【密度】11.72 g/cm^3
【發現】1828 年，瑞典化學家貝采利烏斯
【語源】發現自釷石（thorite），所以以釷石的名稱由來：北歐神話中的雷神索爾「Thor」做為命名依據。

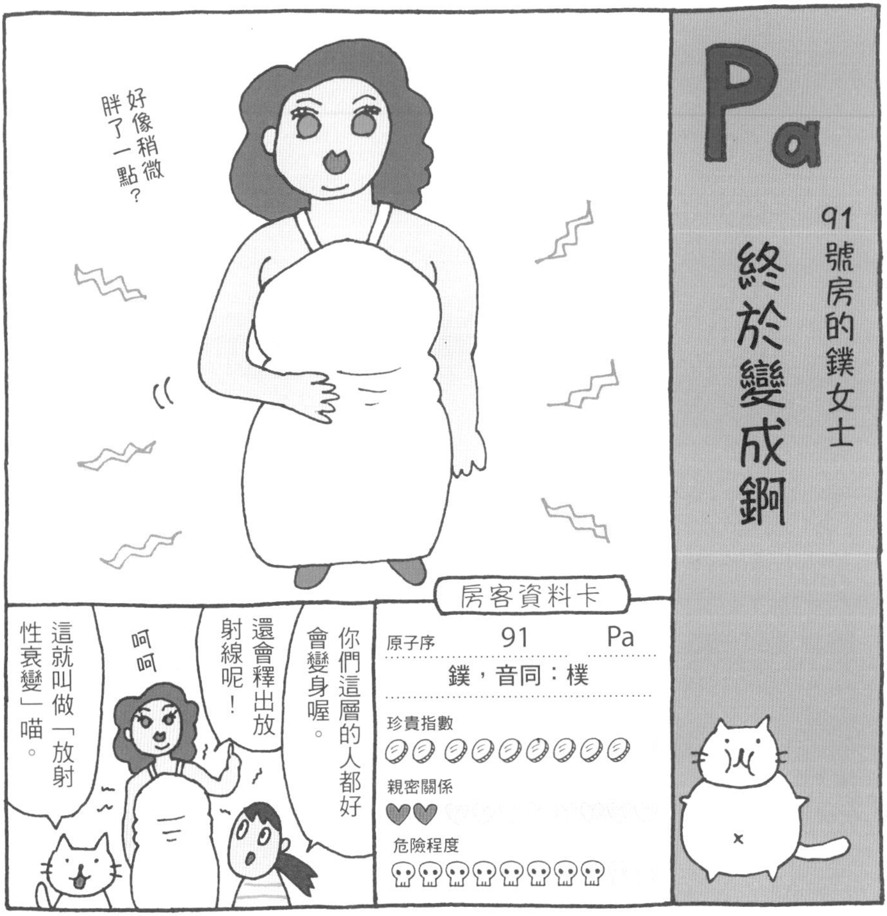

鏷會一面釋出放射線，一面衰變為錒。英文名稱Protactinium開頭的Pro是「最初」或「原本」的意思，整體意思是錒的本源。放射性強烈的白色金屬，日常生活用不上鏷，幾乎都做為研究用途。是人造元素，通常從用過核燃料（spent nuclear fuel）中提煉獲得。

含鈾的瀝青鈾礦

居禮夫婦是從瀝青鈾礦中發現鐳，但其實歐洲從很早以前為了製作波西米亞玻璃，便從瀝青鈾礦中提取鈾來替玻璃上色。此外，瀝青鈾礦中也含有少量的釷，而當中也含有鏷。

【常溫狀態】固體　【原子量】231.0359
【熔點】1840°C　【沸點】4030°C
【密度】15.37 g/cm^3
【發現】1918年，德國放射化學家漢恩（Otto Hahn）、奧地利—瑞典物理學家麥特娜（Lise Meitner）
【語源】希臘文的「最初」（protos）加上錒（Actinium）。

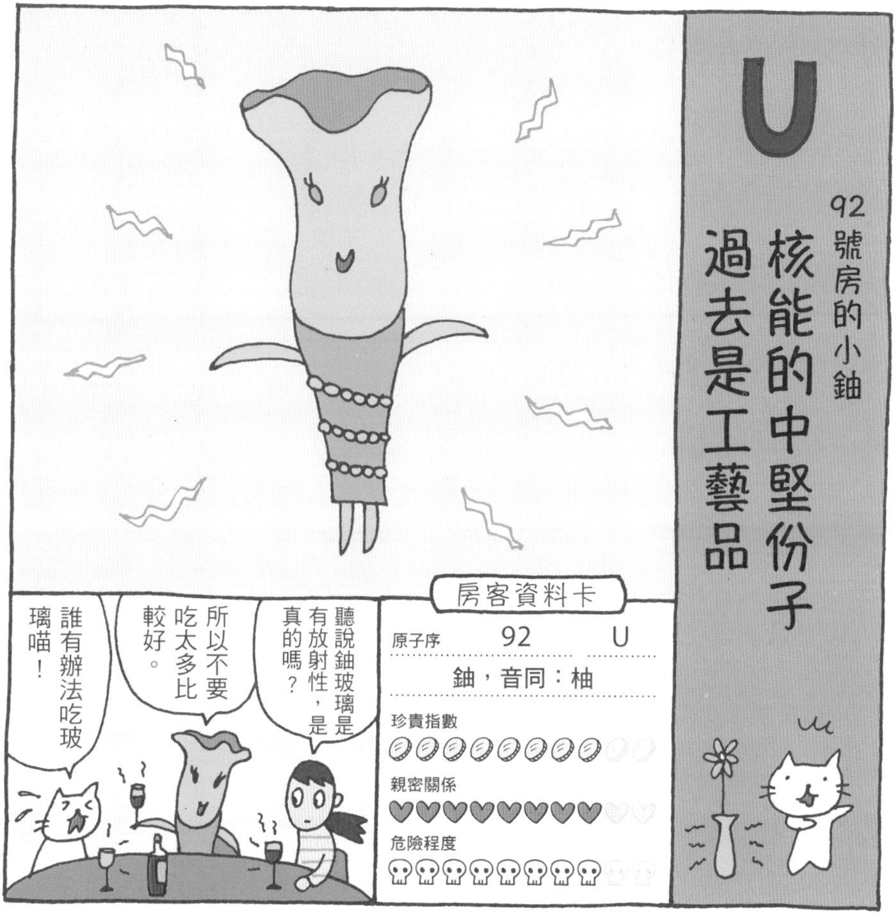
U
92號房的小鈾
核能的中堅份子
過去是工藝品
房客資料卡
原子序 92 U
鈾，音同：柚
珍貴指數
親密關係
危險程度
聽說鈾玻璃是有放射性，是真的嗎？
所以不要吃太多比較好。
誰有辦法吃玻璃喵！

鈾是第一個被發現具有放射性的金屬元素。發現時以礦石形態存在，海水中也含有微量的鈾。鈾的原子核遭到中子撞擊以後會產生巨大能量，慢慢利用該能量將水煮沸，以蒸氣帶動渦輪產生電力，就是所謂的核能發電。連續引發核分裂，使能量在瞬間爆發，就成了原子彈。現在幾乎做為核燃料使用。

以前是玻璃的著色劑

著色劑中摻微量的鈾製成的玻璃稱為鈾玻璃，接觸紫外線時會散發綠色螢光。一九四〇年代以前，歐美國家曾大量生產鈾玻璃。而在日本岡山縣鏡野町的妖精森林玻璃美術館中，展示了日本土產的鈾玻璃工藝品。

【常溫狀態】固體　【原子量】238.0289
【熔點】1132.3°C　【沸點】3800°C
【密度】19.05 g/cm^3
【發現】1789 年，德國化學家克拉普洛斯
【語源】1781 年，赫歇爾（Friedrich Wilhelm Herschel）爵士發現的天王星（Uranus）。

Np
93號房的錼叔
海王星＝海神
別看我這樣，我也是神喔。
房客資料卡
原子序 93 Np
錼，音同：奈
珍貴指數
親密關係
危險程度
你可以處罰壞人對不對？
我們三個來演話劇喵。
我海神耶！
我是羅馬神話的海神尼普頓！

錼是以鈾為原料製作出來的人造金屬。第二次世界大戰以前，日本也曾研究錼。過去以為錼只能以人工製造產出，後來證實在自然界中也含有微量的錼，而且與鈾並存於礦石中。錼與接下來幾房的鄰居合稱為「超鈾元素」，屬於人造元素，全都具有放射性。

命名都跟鈾來

鈾的英文元素名稱源自天王星，錼則源自天王星旁的海王星，同樣都源自羅馬神話中的神祇名稱。海王星的英文 Neptune 源自羅馬神話中的海神尼普頓，祂在希臘神話中叫做波賽頓。

【常溫狀態】固體　【原子量】237.0482
【熔點】640°C　【沸點】3900°C
【密度】20.45 g/cm^3
【發現】1940 年，美國物理學家麥克米倫（Edwin Mattison McMillan）、物理學家艾貝爾森（Philip Abelson）
【語源】錼的原子序僅次於鈾，就以天王星旁的海王星（Neptune）命名。

Pu
94號房的阿鈽
冥王是核武的神授之子
你好
汪
汪
聽說你是冥界的神。
冥王星已經被降格為矮行星了喵。
別說降格的事！
房客資料卡
原子序 94 Pu
鈽，音同：布
珍貴指數
親密關係
危險程度

鈽是具有強烈放射性的危險元素。日本曾兩次遭受核彈攻擊，第一次投在廣島的是鈾彈，第二次投在長崎的是鈽彈。鈽比鈾更容易取得，而且只要一半以下的量就可以做成核彈。不過鈽也有和平用途，例如利用強烈放射能製作電池，搭載於太空飛行器上。另外，核能界也展開「混合氧化物燃料」計畫，希望由核能反應爐的廢棄物中分離出鈽，再處理之後製作成核燃料。

天王星、海王星、冥王星

依照原子序排列依序是鈾、錼、鈽，與該元素命名依據的星體的排列位置相同（有時冥王星會暫時運行到海王星的內側）。現代對於太陽系的定義略有調整，冥王星已經不在行星之列，改為矮行星。

【常溫狀態】固體　【原子量】224
【熔點】639.5°C　【沸點】3200°C
【密度】19.84 g/cm^3
【發現】1940年，美國化學家西博格（Glenn Theodore Seaborg）、物理學家麥克米倫、化學家肯甘迺迪（Joseph W. Kennedy）、化學家歐亞哲（Arthur Wahl）
【語源】原子序在錼之後，因此以海王星外側的冥王星（Pluto）命名。

鋂是核能反應爐中，由鈽衍生出來的人造元素。雖然具有放射性，多少還算好應付，所以可以用在離子式煙霧偵測器中。煙霧偵測器中的部分設計是利用放射線在空氣中製造電流，一旦煙霧飄進該部分，就會使電流減弱，偵測器便可依此偵測出環境中有煙霧存在。雖然煙霧偵測器只需用到微量的鋂，但是為了避免放射線外洩，還是必須裝設確實的防護裝置。

有歐洲，相對就有美洲

住在別棟 7 號房的鋂屬於錒系元素，正上一層的元素是鑭系元素中的銪（Europium）。既然早先發現的銪以歐洲做為命名依據，那麼位置恰巧在正下一層的元素乾脆就以美洲做為命名依據。

【常溫狀態】固體　【原子量】243
【熔點】994°C　【沸點】2600°C
【密度】13.67 g/cm^3
【發現】1945 年，美國化學家西博格、詹姆士（Ralph A. James）、摩根（Leon O. Morgan）、物理學家吉奧索（Albert Ghiorso）等
【語源】週期表中的鋂恰好在銪的正下方，基於位置相對於歐洲這個概念，因此以美洲（America）命名。

鋦具有放射性的人造元素。二〇一一年，美國太空總署NASA發射到火星的火箭中，搭載了暱稱為好奇號（Curiosity）的火星探測車，探測車上裝設製造原料為鋦的裝置，可以用來調查火星表面的土壤與岩石等地物。探測車的機器手臂可以對地表投射放射線，然後分析放射線反射的情形、所引發反應所產生的能量，以取得相關資訊。

以居禮夫婦的姓氏命名

居禮夫婦，即夫人瑪莉·居禮（Maria Salomea Skłodowska-Curie）與先生皮耶·居禮（Pierre Curie）兩人，都是在放射線研究領域功績彪炳的物理學者。居禮夫人在先生去世後持續進行研究，一生榮獲兩次諾貝爾獎。放射線（radioactivity）是居禮夫人創造的名詞。

【常溫狀態】固體　【原子量】247
【熔點】1340°C　【沸點】3110°C
【密度】13.51 g/cm^3
【發現】1944年，美國化學家西博格、詹姆士、物理學家吉奧索等
【語源】居禮（Curie）夫婦的姓氏。

Bk
97號房的鉳仔
舊金山出身
YO!
房客資料卡
原子序 97 Bk
鉳，音同：北
珍貴指數
親密關係
危險程度
我們誕生於加速器，口中哼上和平曲調。
我們反對戰爭~
嗚
他唱歌比放射線更可怕喵。

鉳是加速器製造出來，具有放射性的人造元素。鉳的原料鋂也是人造元素，據說要花費數年的時間才能累積到達可以產出鉳的量。屬於錒系元素，是銀色的金屬，由於生產出來的量非常稀少，鉳的其他性質幾乎不明。由於放射性強烈，不能用於日常生活，完全做基礎研究用途。

名校出身

美國加州大學柏克萊分校位於舊金山灣。在柏克萊，不只學生，就連市民之間也瀰漫著反體制風潮，六〇年代世界知名的嬉皮文化，或是後來影響世界各地的學生運動都發源於舊金山。

【常溫狀態】固體　【原子量】247
【熔點】1047°C　【沸點】-
【密度】14.79 g/cm^3
【發現】1949 年，美國物理學家湯普森(Stanley Gerald Thompson)、物理學家吉奧索、化學家西博格等
【語源】加州大學的分校柏克萊(Berkeley)。

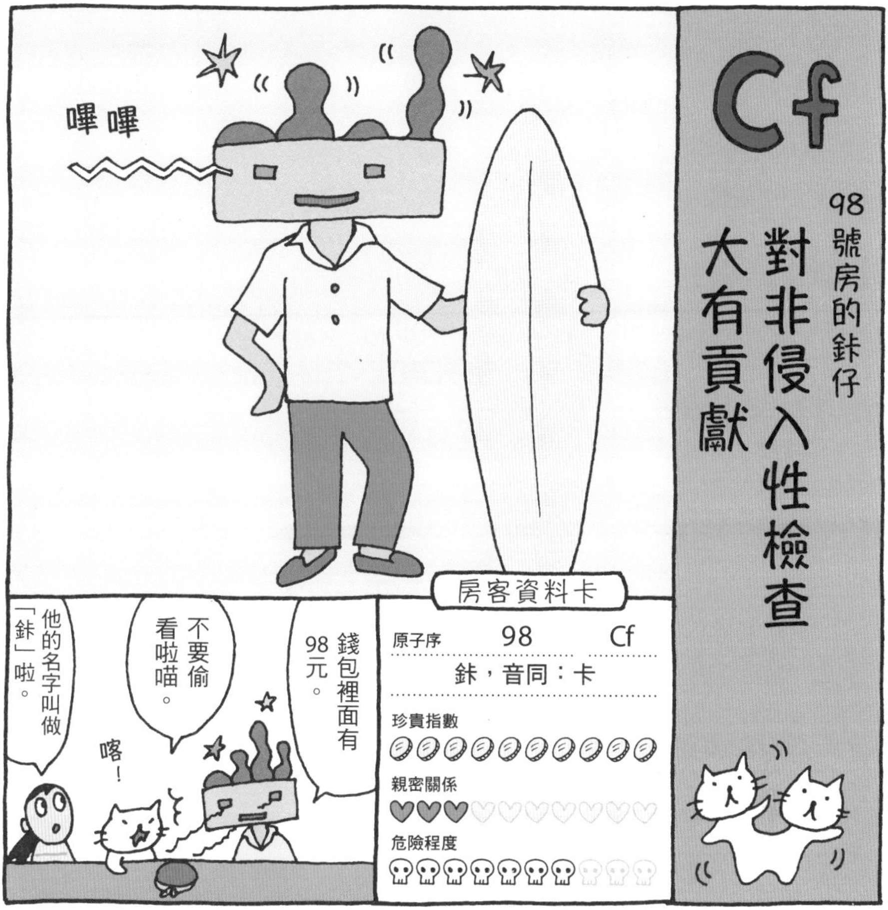
Cf
98號房的鉲仔
對非侵入性檢查大有貢獻
嗶嗶
錢包裡面有98元。
不要偷看啦喵。
喀！
他的名字叫做「鉲」啦。
房客資料卡
原子序 98 Cf
鉲，音同：卡
珍貴指數
親密關係
危險程度

鉲是具有放射性的人造元素。最大特色是不需要任何外力，在自然狀態下就會自發性進行核分裂，因此可應用於非侵入式檢查。這種檢查技術是對檢查對象照射放射線或超音波，藉以觀察內部變化，不需要在受檢者或受檢物體表面開洞，不需侵入內部就可以了解表面或內部情形，例如橋梁鋼骨的金屬疲勞程度檢查，大廈水泥柱的內部檢查等。

擁有多位同窗的元素

鉲是美國加州大學柏克萊分校的研究室，以鋦為原料創造出來的元素。鉲與鄰居多是同鄉，從 93 號房的錼到鉲這六個元素都是柏克萊出身，堪稱同窗。

【常溫狀態】固體　【原子量】251
【熔點】897°C　【沸點】-
【密度】15.1 g/cm^3
【發現】1949 年，美國物理學家湯普森、化學家史崔特（Kenneth Street）、物理學家吉奧索、化學家西博格等
【語源】加州大學柏克萊分校所在地加州（California）。

在一九五二年美國進行世界首次氫彈試爆後，從具有放射性的輻射落塵，所謂的「死灰」中發現鑀。當然，鑀本身也具有放射性。目前已經可以透過核能反應爐生產鑀，而鑀也被拿來研究是否可以衍生出其他元素。愛因斯坦晚年積極向世界各國提倡廢止核子武器，後世學者卻依愛因斯坦的名字做為鑀元素的命名依據，也算是一段頗為諷刺的歷史。

二十世紀的偉大物理學者

愛因斯坦是德國出生的理論物理學者。一九〇五年，愛因斯坦二十多歲，在瑞士專利局擔任助理鑑定員時發表了著名的論文〈光量子假說與光電效應〉、〈布朗運動理論〉、〈狹義相對論〉等。

【常溫狀態】固體　【原子量】252
【熔點】860°C　【沸點】-
【密度】-
【發現】1952 年，美國化學家西博格等
【語源】物理學家愛因斯坦（Einstein）。

鐨與鍰是同時發現的兄弟元素。一九五二年的氫彈試爆稱為常春藤行動，地點在太平洋馬紹爾群島的埃內韋塔克環礁。試爆後，位於爆炸中心的伊魯吉拉伯島整個被炸飛，片甲不留，只剩下直徑約二公里、深約數十公尺的巨大彈坑。由於該行動屬於軍事機密，所以發現鐨一事也一度保密，直到一九五五年以後才解除機密。

義大利培育的天才科學家

費米（一九〇一至一九五四）是義大利物理學家，從事元素方面的研究，一九三八年獲得諾貝爾獎。妻子是猶太人，為了逃離迫害，便趁諾貝爾獎受獎時自斯德哥爾摩會場逃亡美國。赴美後參與世界第一座核能反應爐的建造工程。

【常溫狀態】固體　【原子量】257
【熔點】-　【沸點】-
【密度】-
【發現】1952年，美國化學家西博格等
【語源】義大利物理學家費米（Enrico Fermi）。

鍆是在美國加州大學柏克萊分校，利用迴旋加速器，以鑀為原料生產的放射性人造元素。產量非常稀少，以元素形態存在的壽命也相當短暫，學界至今依然不清楚它的特性。目前所生產的鍆完全做為研究用途。鍆以俄羅斯物理化學家門得列夫命名，以紀念最初提出化學元素週期表——本書暱稱元素公寓的學者。

元素週期表的發明者

門得列夫（一八三四至一九〇七）出生於西伯利亞古都托博爾斯克市。門得列夫不但創建化學元素週期表，更預言世上存在許多尚未被發現的元素。一九〇六年獲得諾貝爾獎提名，可惜以一票之差落選，並於翌年去世。

【常溫狀態】固體　【原子量】258
【熔點】-　【沸點】-
【密度】-
【發現】1955 年，美國物理學家吉奧索、化學家西博格等人的團隊
【語源】俄羅斯化學家門得列夫（Dmitri Mendeleev）。

鍩是鍋與碳合成的人造元素，具有放射性。壽命相當短暫，最長頂多在一個小時之內就有約半數成分變化成其他元素。最初，科學報告刊載瑞典的諾貝爾研究所首先發現了鍩，可惜無法以同樣方法重現。翌年，學界正式認定美國加州大學的研究團隊創造的鍩元素。但是為了向之前的研究團隊表示敬意，依然將元素名稱命名為鍩（Nobelium）。

設立諾貝爾獎的化學家

偉大的化學家諾貝爾（一八三三至一八九六）生於瑞典的斯德哥爾摩。諾貝爾獎正是他在開發甘油炸彈而成為鉅富之後，希望對科學研究與和平有所貢獻所設立的獎項。

【常溫狀態】固體　　【原子量】259
【熔點】-　　【沸點】-
【密度】-
【發現】1958 年，美國物理學家吉奧索、西克蘭（Torbjørn Sikkeland）、西博格等
【語源】瑞典化學家諾貝爾（Alfred Nobel）。

Lr
103號房的阿鐒
迴旋加速器是親生父母
鐒鐒
特獎！
迴旋加速器
特獎　元素玩偶 103 個
可以選自己喜歡的
房客資料卡
原子序　103　Lr
鐒，音同：老
珍貴指數
親密關係
危險程度
你又做新玩偶啦？
這個好不好啊？
取名叫貓
超級討厭喵！

鐒是由鉲和硼合成的放射性人造元素。最初發現的鐒在短短數秒內就變化成其他元素，幾乎無法讓人了解它的真正樣貌。後來發現鐒也可以由鍆與氧化合而成，但是因為衰變到的一半的時間（半衰期）不到三個半小時，而且無法累積到肉眼看得到的量，因此至今依然不清楚鐒的詳細性質。

柏克萊分校發展的推動者

勞倫斯（一九〇一至一九五八）是美國的物理學者。他曾在加州大學柏克萊分校開發迴旋加速器，為化學元素週期表催生許多新元素。曾在第二次大戰期間參與曼哈頓計畫，開發原子彈。

【常溫狀態】-　【原子量】262
【熔點】-　【沸點】-
【密度】-
【發現】1961 年，美國物理學家吉奧索等
【語源】美國物理學家勞倫斯（Ernest Lawrence）。

Rf
104號房的阿鑪
貫徹美國主張的發現
房客資料卡
原子序 104 Rf
鑪，音同：盧
珍貴指數
親密關係
危險程度
比起俄羅斯餡餅還是漢堡好吧？
都好吃啊！
這兩種食物的熱量都很高喵。

鑪是具有放射性的人造元素。俄羅斯與美國兩國的研究團隊都曾發表報告宣稱發現了鑪，學界最後承認美國的發現報告。最早，俄羅斯發表報告，宣稱已經以鈽與氖為材料合成出新元素。後來美國也發表報告，宣稱已經利用鉲與碳合成出相同的元素。兩國研究陣營所發現的元素壽命都很短暫，能夠確認它存在的時間不過在短短數秒之間。最後，在一九九七年，判定由美國最先發現該元素。

對物理與化學皆有貢獻

盧瑟福(一八七一至一九三七)是活躍於英國科學界的紐西蘭科學家。他發現放射線中的α射線、β射線，以及原子核，因而受學界尊稱為「原子物理學之父」。在元素領域的研究功績卓越，於一九〇八年獲頒諾貝爾化學獎。

【常溫狀態】固體　【原子量】261
【熔點】-　【沸點】-
【密度】23 g/cm^3
【發現】1969年，美國物理學家吉奧索等人組成的研究團隊
【語源】對物理化學發展貢獻卓越的科學家盧瑟福(Ernest Rutherford)。

Db
105號房的阿𨧀
光耀俄羅斯的新發現
房客資料卡
原子序 105 Db
𨧀，音同：杜
珍貴指數
親密關係
危險程度
你也很喜歡壽司耶？
（俄羅斯餡餅當然也很好吃啦。）
我喜歡俄壽司。
好冷！冷俏皮話喵！

𨧀是最初由俄羅斯利用鋂和氖合成的放射性人造元素。可惜最初合成的元素因為數量過少，雖然有公開發表，卻未獲得普遍認同。後來由美國研究團隊，利用鉲與氮合成𨧀，隨即發表報告，一度形成美俄兩國研究陣營各自主張新發現的局面。最後在一九九七年，𨧀正式以俄羅斯小鎮命名，算是給足俄羅斯顏面。

俄羅斯小鎮杜布納

𨧀的名稱源自俄羅斯小鎮杜布納，位於莫斯科北部約一百二十公里的伏爾加河畔。該地設有研究單位，由國家定調為科學城。相關科學建設自一九四七年開始，但是因為涉及核能武器發展，過去很長一段期間都不對外公開。

【常溫狀態】固體　【原子量】262

【熔點】-　【沸點】-

【密度】$29\ g/cm^3$

【發現】1967 年，俄羅斯聯合核子科學研究院（Joint Institute for Nuclear Research）

【語源】發現地俄羅斯小鎮杜布納（Dubna）。

Sg
106號房的阿𨭎
以還在世的人物命名
兒童電話諮商室
房客資料卡
原子序 106 Sg
𨭎，音同：喜
珍貴指數
親密關係
危險程度
你剛剛不小心透露秘密了耶。
沒啦，失敗、失敗。
你其實是個好人喵。

𨭎是用鉲與氧合成製造，具有放射性的人造元素。發跡地是在化學元素新發現領域已經多次出現的美國加州大學柏克萊分校。學者西博格雖然不是𨭎的發現者，但是因為參與九種化學元素的發現研究，成績斐然，𨭎便以他的姓氏命名。一九九三年，𨭎的存在得到承認。據說當時因為西博格本人還在世，所以該元素名稱起初並未廣獲學界認同或採用。

柏克萊的偉大科學家

西博格（一九一二至一九九九）是美國化學家。在化學元素方面的研究卓越，於一九五一年獲頒諾貝爾化學獎。曾在上兒童廣播節目時，無意間透露了發現新化學元素的頭號秘密，讓世人發現他率真且帶淘氣性格的一面。

【常溫狀態】-　　【原子量】263
【熔點】-　　【沸點】-
【密度】35 g/cm^3
【發現】1974 年，美國物理學家吉奧索等人
【語源】化學家西博格（Glenn Theodore Seaborg）。

Bh
107號房的阿鈹
由德俄兩國學者共同發現
房客資料卡
原子序 107 Bh
鈹，音同：波
珍貴指數
親密關係
危險程度
你很喜歡踢足球嘛！
足球在丹麥也很受歡迎喔！
還組了丹麥國家足球隊喵。

鈹是由德國與俄羅斯學者在德國共同發現、具有放射性的人造元素。利用鉛與鉻合成，壽命相當短暫，數秒之內就會變化成其他元素，因此學界目前還不清楚它的詳細特性。一般而言，化學元素的命名權歸於最初的發現者。鈹的命名卻在德俄兩國協議之後，跳脫德俄兩國範圍，以著名的丹麥物理學家玻耳命名。

與愛因斯坦齊名

玻耳（一八八五至一九六二）是丹麥的理論物理學家。他致力於發展量子力學，在一九二二年獲頒諾貝爾物理學獎。他曾改良長岡半太郎與盧瑟福的構想，提出完成度極高的原子模型。

【常溫狀態】固體　【原子量】264
【熔點】-　【沸點】-
【密度】37 g/cm^3
【發現】1981年，德國物理學家安博斯特（Peter Armbruster）、孟森貝克（Gottfried Münzenberg）的團隊
【語源】丹麥物理學家玻耳（Niels Bohr）。

Hs
108
號房的鏍妹妹
黑森州是
格林兄弟的故鄉
你有事出門嗎？
我要去重離子研究所。
路上可不能貪玩耽誤行程喵。
房客資料卡
原子序 108 Hs
鏍，音同：黑
珍貴指數
親密關係
危險程度

鏍是用鉛和鐵製造的人造元素，具有放射性。最早由德國的研究團隊發現。不久，俄羅斯的研究團隊也成功製造出鏍。雖然發現時間只有些微差距，依照慣例，還是將命名權判給德國團隊。德國以研究所所在地黑森州的拉丁名命名。當時德國內部也有其他意見，認為元素以州命名不太適合，也曾有學者提議以物理學家漢恩命名。

發現核分裂的科學家

德國科學家漢恩（一八七九至一九六八）最終沒有成為鏍的命名依據，但是他研究放射線、發現原子核分裂這項劃時代的功績，終究贏得一九九四年的諾貝爾化學獎。他的另一項著名的研究成果，就是發現 91 號房的鏷。

【常溫狀態】固體　【原子量】277

【熔點】-　【沸點】-

【密度】41 g/cm^3

【發現】1984 年，德國物理學家安博斯特、孟森貝克

【語源】重離子研究所的所在地，德國黑森州的拉丁名 Hassia。

Mt
109號房的鏤女士
命運悲慘流離的女性物理學家
房客資料卡
原子序 109 Mt
鏤，音同：麥
珍貴指數
親密關係
危險程度
你竟然和居禮夫人同一天生日！
我和夫人的女兒伊雷娜還曾是敵對關係呢！
真是不可思議的緣分喵。

鏤是利用鉍和鐵製造出來的人造元素，具有放射性。這一區接連幾個元素都是德國重離子科學研究所發現的。鏤比原子序號前一號的鏍早兩年誕生。壽命相當短暫，不到一秒鐘就會變化成其他形態。很類似銥，但詳細性質不明。一九九七年正式獲得學界承認與命名。

受到迫害的物理學家

麥特娜（一八七八至一九六八），與居禮夫人及她女兒伊雷娜·居禮（Irène Joliot-Curie），齊名歷史上最偉大的女性物理學家。麥特娜誕生於奧地利的猶太家庭，與漢恩共同發現鏷，後來為了逃離納粹迫害而逃亡瑞典。

【常溫狀態】-　【原子量】268
【熔點】-　【沸點】-
【密度】-
【發現】1982年，德國物理學家安博斯特、孟森貝克等
【語源】奧地利物理學家麥特娜（Lise Meitner）。

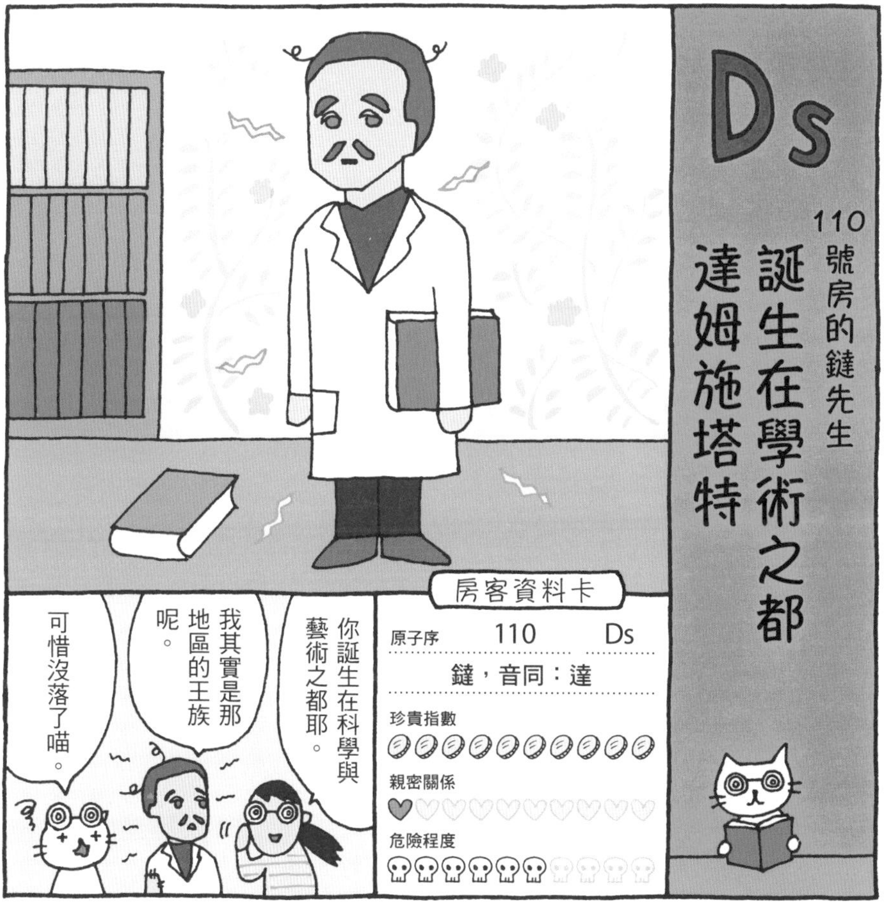
Ds
110號房的鐽先生
誕生在學術之都達姆施塔特
房客資料卡
原子序 110 Ds
鐽，音同：達
珍貴指數
親密關係
危險程度
你誕生在科學與藝術之都耶。
我其實是那地區的王族呢。
可惜沒落了喵。

鐽是利用鉛與鎳製造出來的人造元素，具有放射性，誕生於德國的重離子科學研究所。俄羅斯與美國都曾早於德國發表發現報告，但是因為德國的發現報告最確切，因此正式判定為德國新發現的元素。直到二〇〇三年，鐽才獲得正式命名。有關鐽的詳細性質，目前幾乎處於未知狀態。

學術之都「達姆施塔特」

德國重離子科學研究所位於黑森州的達姆施塔特，是德國具有學術代表性的城市，位於德國的經濟中心法蘭克福南方約三十公里處。市內擁有工科大學（一八七七年創立）等多所大學與研究所。

【常溫狀態】-　　【原子量】281
【熔點】-　　【沸點】-
【密度】-
【發現】1994 年，德國物理學家安博斯特、霍夫曼（Sigurd Hofmann）等
【語源】德國重離子科學研究所的所在都市達姆施塔特（Darmstadt）。

Rg
111號房的錀先生
紀念第一屆諾貝爾得獎者
房客資料卡
原子序 111 Rg
錀，音同：倫
珍貴指數
親密關係
危險程度
你的鬍子好酷喔！
鬍子留成這樣有什麼好處喵？
貓咪來 貓咪來
也許可以用來逗貓吧？

德國重離子科學研究所利用鎳與鉍製作出來的人造元素錀，具有放射性。壽命非常短暫，原狀存在大約只能維持千分之一秒。目前只知道錀的形態類似金屬，因為數量太少，還不清楚大量錀聚集後，會出現什麼性質。發現當時正值倫琴發現X光屆滿一百周年前夕，因此以倫琴為錀命名，以茲紀念。

發現 X 光的科學家

倫琴(一八四五至一九二三)是在一八九五年發現X光的德國物理學家。發現X光這項卓越功績使他在一九〇一年，也就是第一屆諾貝爾獎中榮獲物理獎。倫琴認為物理屬於世界大眾，不但不爭取專利權，更將所獲得的獎金全數捐獻給大學。

【常溫狀態】-　【原子量】272
【熔點】-　【沸點】-
【密度】-
【發現】1994 年，德國物理學家安博斯特、物理學家霍夫曼等
【語源】德國物理學家倫琴(Wilhelm Röntgen)。

Cn
112號房的鎶女士
紀念偉大的天文學家
房客資料卡
原子序 112 Cn
鎶，音同：哥
珍貴指數
親密關係
危險程度
化學元素我都不了解呢。
所以我買了這本書
她是五百年前的人吧！
不懂也是正常的喵。

二〇一〇年二月十九日正式命名的新元素鎶。鎶最初是德國重離子科學研究所利用鉛和鋅製造出來的人造元素，具有放射性。後來，日本理化學研究所仁科加速器研究中心，和俄羅斯也都成功催生了鎶。原子序排在鎶之後的元素目前雖然已經有發現報告，但是都還沒有獲得學界正式認定。

提倡地動說的天文學家

哥白尼（一四七三至一五四三）是誕生於波蘭的天文學家。相對於當時的天文常識「天動說」（宇宙以地球為中心），哥白尼發表「地動說」，提倡「地球繞太陽運行」理論，成為徹底顛覆當代宇宙觀的偉大科學家，也因此為後世將新化學元素以哥白尼命名。

【常溫狀態】- 【原子量】285
【熔點】- 【沸點】-
【密度】-
【發現】1996 年，德國物理學家霍夫曼等
【語源】天文學家哥白尼（Nicolaus Copernicus）。

這是利用鉍和鋅製造的人造元素，具有放射性，名字是暫定的。元素113之後那些看起來怪怪的元素名稱，大多是拉丁文的數字讀音縮寫而來。1是un，3是tri，所以元素113的英文名稱就暫定為Ununtrium，要等到日後累積成功實驗數次以後，才能獲得命名權。或許到時候，元素113會得到和日本有關的正式名字呢！

會是日本發現的元素嗎？

現在，日本埼玉縣的理化學研究所還在利用超傳導環形迴旋加速器等設備，進行元素 113 的相關研究。目前已經準備了好幾組名字，等待元素正式獲得承認時選用，例如依據該研究所簡稱「理研」的讀音命名為 Rikenium，小川正孝博士曾為他所發現的夢幻元素所命的名字 Nipponium，以及 Japanium 等。

【常溫狀態】　【原子量】278
【熔點】-　【沸點】-
【密度】-
【發現】2004 年，日本森田浩介等
【語源】數字 113 的拉丁文讀法 Ununtrium。

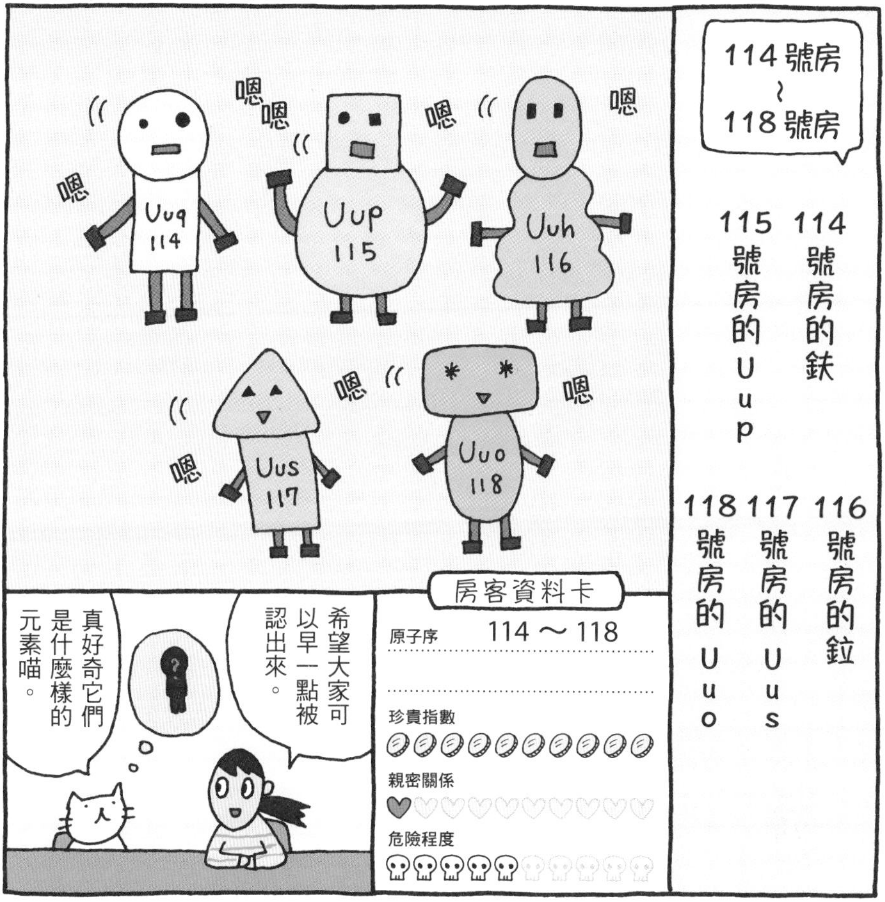

原子序114（鈇）到原子序118之間的元素仍有部分暫用臨時名稱問世。以上元素全部屬於具有放射性的人造元素。目前著手進行相關研究的機構主要有俄羅斯聯合核子科學研究院、美國勞倫斯利物摩國家實驗室（Lawrence Livermore National Laboratory）、瑞典諾貝爾物理學研究所、日本理化學研究所等。

【化學符號】Fl　【原子序】114
【原子量】289　【名稱】鈇（Flerovium，音同：夫）
【發現】1998年，俄羅斯學者奧加涅席恩（Yuri Oganessian）等

【化學符號】Uup　【原子序】115
【原子量】289　【臨時名稱】Uup（Ununpentium）
【發現】2004年，俄羅斯學者奧加涅席恩等

【化學符號】Lv　【原子序】116
【原子量】293　【名稱】鉝（Livermorium，音同：立）
【發現】2000年，俄羅斯學者奧加涅席恩等

【化學符號】Uus　【原子序】117
【原子量】294　【臨時名稱】Uus（Ununseptium）
【發現】2010年，俄羅斯學者奧加涅席恩等

【化學符號】Uuo　【原子序】118
【原子量】294　【臨時名稱】Uuo（Ununoctium）
【發現】2002年，俄羅斯學者奧加涅席恩等

Dale R. Corson	柯森
J. N. Lockyer	洛克爾
Charles D. Coryell	科里爾
Axel Fredrik Cronstedt	科朗斯達德
Dirk Coster	科斯特
Wilhelm Röntgen	倫琴
Nicolaus Copernicus	哥白尼
Anders Gustaf Ekeberg	埃克貝格
Barnard Courtois	庫圖瓦
Lawrence E. Glendenin	格倫丹寧
William Gregor	格雷哥爾
Antonio de Ulloa	烏略亞
Morris William Travers	特拉維斯
Jean de Marignac	馬里尼亞克
J. C. G. Marignac	馬里納克
Jacob A. Marinsky	馬林斯基
Andreas Sigismund Marggraf	馬格拉夫
Henri Moissan	莫瓦桑
Carl Gustaf Mosander	莫桑德
Edwin Mattison McMillan	麥克米倫
Kenneth Ross MacKenzie	麥肯西
Lise Meitner	麥特娜
Ernest Lawrence	勞倫斯
Friedrich Stromeyer	斯特隆美爾
Stanley Gerald Thompson	湯普森
Ferdinand Reich	萊西
Enrico Fermi	費米
Emilio Segrè	塞格雷
Yuri Oganessian	奧加涅席恩
Hans Ørsted	奧斯特
Clemens Alexander Winkler	溫克勒
Ralph A. James	詹姆士
Pierre Jules César Janssen	詹遜
Otto Hahn	漢恩
Georges Urbain	爾貝因
George de Hevesy	赫畏希
Friedrich Wilhelm Herschel	赫歇爾
Eugène-Anatole Demarçay	德馬塞
Leon O. Morgan	摩根
Arthur Wahl	歐亞哲
Ernest Rutherford	盧瑟福
Alfred Nobel	諾貝爾
Sigurd Hofmann	霍夫曼
Humphry Davy	戴維
Franz-Joseph Müller von Reichenstein	繆勒
William Ramsay	藍塞
Smithson Tennant	譚南特

人名一覽表

Antoine Jérôme Balard	巴萊
Johan Gadolin	加多林
Henry Cavendish	卡文迪西
Kenneth Street	史崔特
Lars Fredrik Nilson	尼里遜
Paul-Émile Lecoq de Boisbaudran	布瓦伯德朗
Henning Brand	布蘭德
Robert Wilhelm Bunsen	本生
Walter Noddack	瓦爾特·諾達克
Johann Gottlieb Gahn	甘恩
Ida Noddack	伊妲·諾達克
Albert Ghiorso	吉奧索
Friedrich Ernst Dorn	多恩
Peter Armbruster	安博斯特
Philip Abelson	艾貝爾森
Torbjørn Sikkeland	西克蘭
Glenn Theodore Seaborg	西博格
Otto Berg	伯格
P. T. Cleve	克利夫
Gustav Robert Kirchhoff	克希荷夫
Martin Heinrich Klaproth	克拉普洛斯
Karl Ernst Claus	克勞斯
William Crookes	克魯克斯
Wilhelm Hisinger	希辛格爾
Louis Nicolas Vauquelin	沃克朗
William Hyde Wollaston	沃拉斯頓
André-Louis Debierne	狄比恩
Jöns Jakob Berzelius	貝采利烏斯
Hieronymous Theodor Richter	里希特
Andrés Manuel del Río	里奧
Johan August Arfwedson	亞維森
Marguerite Perey	佩里
Carlo Perrier	佩里耶
Gottfried Münzenberg	孟森貝克
Maria Salomea Skłodowska-Curie	居禮夫人
Antoine-Laurent de Lavoisier	拉瓦錫
Claude-Auguste Lamy	拉米
Daniel Rutherford	拉賽福
Joseph W. Kennedy	肯迺迪
Carl Wilhelm Scheele	舍勒
Dmitri Mendeleev	門得列夫
Georg Brandt	勃蘭特
Charles Hatchett	哈契特
Carl Auer von Welsbach	威爾斯巴赫

原子有話要說！元素週期表【原子公寓圖解版】

マンガで覚える　元素周期

作　　者　元素周期研究會(編著)、鈴木幸子(繪)
譯　　者　劉佳麗、黃郁婷
封面設計　劉黑輪
版面構成　張凱揚
行銷企劃　蕭浩仰、江紫涓
行銷統籌　駱漢琦
業務發行　邱紹溢
營運顧問　郭其彬
責任編輯　劉文琪、賴靜儀
總 編 輯　李亞南
出　　版　漫遊者文化事業股份有限公司
地　　址　台北市103大同區重慶北路二段88號2樓之
電　　話　(02) 2715-2022
傳　　真　(02) 2715-2021
服務信箱　service@azothbooks.com
網路書店　www.azothbooks.com
臉　　書　www.facebook.com/azothbooks.read
發　　行　大雁文化基地
地　　址　新北市231新店區北新路三段207-3號5樓
電　　話　(02) 8913-1005
傳真傳真　(02) 8913-1056
二版三刷 (1)　2024年5月
定　　價　台幣370元

ISBN　978-986-489-774-2

國家圖書館出版品預行編目 (CIP) 資料

原子有話要說! 元素週期表(原子公寓圖解版) / 元素周期研究會編著 ; 鈴木幸子繪 ; 劉佳麗, 黃郁婷譯. -- 二版. -- 臺北市 : 漫遊者文化事業股份有限公司, 2023.04
160 面 ; 14.8×21 公分
譯自 : マンガで覚える元素周期
ISBN 978-986-489-774-2(平裝)
1.CST: 元素 2.CST: 元素週期表 3.CST: 通俗作品
348.21　　112003649

Pd
Ba
Ne
As
Sb
K
Sn
酒
牛乳
Ca

Ne
H
S
F
Al
V
Co
Mn

He
Ar
Ca
牛乳
Mg
N
Li
Zn
猫

P
O
C
Cr
ヒヒヒ…
苦露夢
Ni
Cu
Be